U0176004

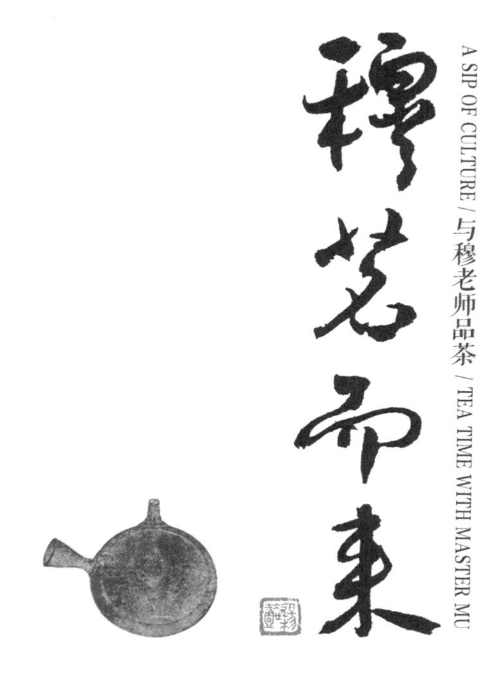

穆茗而来

A SIP OF CULTURE / 与穆老师品茶 / TEA TIME WITH MASTER MU

穆祥桐 范毓庆 孙 建/著

中国农业出版社
北 京

宜兴茶园

序

光阴荏苒，作为新中国的同龄人，如今已步入古稀之年。要为社会做贡献的价值取向，从一出生就被深深地灌输在我们这一代人的血液里。回首往事，为社会做过多少贡献，我不敢说，但在本职工作和自己热爱的事业上，自认已是尽力而为了。

由于家庭环境影响的缘故，我自幼便对书籍崇拜，对文化有所追求。记得小学时老师问我们的理想，许多人回答：科学家、医生……老师问到我时，我说：图书管理员。老师吃惊地问我：为什么？我回答：我可以看到很多书。但造化弄人，在我进入大学历史系学习时，正是斯文扫地的时候。幸蒙于友西老师引我见到心仪已久的著名历史学家宁可先生。经先生严格考察，使我得入宁门。我虽然不是宁先生的研究生，但宁先生在我身上花费了很多心血。

大学毕业正是“文革”期间，我被“军宣队”和“工宣队”安排到“京西八大矿”最远的大安山煤矿职工子弟学校任教。20 世纪 80 年代初，国家组织各方面专家编纂《中国农业百科全书》。其时，我正在宁师指导下从事隋唐五代经济史的研究，因为专业的缘故，经恩师力荐，颇费周折地被调入农业部直属的农业出版社。我格外珍惜这来之不易的机会，将我之所学尽可能发挥到后续的工作中去，以不负恩师的厚爱。到出版社工作后，我得到了在出版界赫赫有名的方原、吕平、石础、申非[①]等前辈的指导，成为一名合格的编辑。在工作中，我又有幸接触了在中国近现代农业发展中做出巨大贡献的大家，如金善宝、吴觉农[②]等老先生。吴老的寓所离

---

① 方原（1918.2—1999.11），20世纪80年代被中共中央宣传部评定为编辑家，农业出版社重大项目组织领导者。在司徒雷登任燕京大学校长时，即离校赴延安参加革命。其农业经济论文结集《倒悬的金字塔》出版发行。

吕平（1914.1—1999.11），农业出版社重大项目组织策划者，《中国农业百科全书》编务委员会委员，对中国农业传统文化有较深造诣，编辑出版《中国农谚》。

石础（1912.4—1998.6），20世纪80年代被中共中央宣传部评定为编辑家，《中国农业百科全书》编务委员会委员，《中国农业百科全书·茶业卷》责任编辑。民国时期与薛暮桥一起开办开明书店；抗日战争时期投笔从戎，在冯玉祥率领下参加多伦战役。

申非（1920.12—2014.8），农业出版社重大项目组织策划者，《中国农业百科全书》编务委员会委员。在日本文学上造诣很深，翻译《源氏物语》出版发行，参与《中国大百科全书》外国文学编撰工作。

② 金善宝（1895.7—1997.6），农业教育家，小麦育种栽培学家。历任南京大学农学院院长，中国农业科学院院长，中国科协副主席，国务院学位委员会委员，中国科学院生物学部委员。主编《中国小麦栽培学》《中国小麦品种志》《中国小麦品种及其系谱》和《中国农业百科全书·农作物卷》。

吴觉农（1897.4—1989.10），中国当代茶业复兴、发展的奠基人，被誉为“当代茶圣”。曾任农业部副部长兼中国茶业公司经理，中国农学会名誉会长，中国茶叶学会名誉理事长。还是社会活动家，早年编写的《中国农民问题》曾被毛泽东主办的广州农民运动讲习所选为参考材料。著有《中国茶业复兴计划》《中国茶业问题》《中国地方志茶叶历史资料选辑》和《茶经述评》，译著《茶叶全书》。

我家只有两三站地，因此拜访、求教吴老的机会也最多，逐渐对茶产生了兴趣。

在出版社一干就是大半辈子，或许是应了天道酬勤的道理，抑或是命运使然，我有幸参与并完成了《中国农业科学技术史稿》《中国农业百科全书·农业历史卷》《中国农业通史》等多部国家重点出版项目。如果说这些尚可算是令人自豪的成绩，那么更加让我乐在其中的则是，在几十年的工作生涯中，我参与策划、编撰并出版了200余部茶学教材及专业类图书。每一册都像是自己的孩子，凝结了无数心血，尽管个别作品历经坎坷，或尚存缺陷与不足，但捧在手里都是最美好的回忆。

随着我在茶书出版领域工作的开展，在那个“茶文化”还不是很热的年代，我十分幸运地得到了“当代茶圣”——吴觉农先生、“一代茶宗”——陈椽先生等诸多老一辈茶学大家的启蒙与点拨，并委以重任经手他们的著作。在全国各大茶区的实地调研中，我先后结识了一大批茶界的技艺传人、科研导师及有识之士。他们来自五湖四海，在各自的领域都担任佼佼者的角色，我则更像一只小蜜蜂，不知疲倦地穿梭在百花丛中，博采众长，兼收并蓄。这也正是那些茶学图书得以出版，且有些仍热销于市的重要原因。

退休赋闲之后，虽然单位偶有些许任务需要参与，但大部分时间还算清净，本想在家享享晚年之乐，不料却更加忙碌起来。

不得不承认与工作有关，我的一大爱好便是饮茶，日常在家更是茶不离手。由于早年接触茶人较多，因此家中收集和贮存的茶品也比较丰富，起初只是偶邀三五挚友到家中一叙，自然是有茶相伴，但往往大家最后的关注点都会落到这一小杯清澈的茶汤之上。有几次我一时兴起便滔滔不绝分享起其中的趣事，不料大家也很捧场，听得入神竟忘了回家的时间。我想并非因我口才出众，而是作为国饮的茶，自身的滋味与魅力和其背后的故事着实精彩，方能博得众悦。最后，每个人都很满足地告别，并向我索要些许茶样，以便在家品尝回味。

久而久之，这类小茶聚会越发频繁，朋友之间相互邀请，莅临的人员也逐渐增多，因此我又结交了更多的茶友，年龄跨度从50后至00后。大家来此除了分享我的私藏茶品以外，有时候也会从各个渠道搜罗来一些茶共同品鉴，也让我有机会接触到了更多的茶品，茶龄跨度从20世纪50年代至今。渐渐，家中的茶会好似成了一项固定的文娱活动，每个人都乐此不疲，也为我的退休生活平添了不少趣味。尤其是经常和一些年轻的小茶友进行交流，让我觉得自己年轻了不少，也算是与时俱进吧。

朋友多了，交际范围也更广了，经常有些机构以茶学专家的身份邀请我出席一些茶界的活动和讲课等事宜。说实话，我本人并不喜欢专家这个头衔，也不敢当，但只要我的身体条件允许，一般我都不会拒绝。我不算茶界的名人，始终从事幕后工作，只是接触这个行业比较早，见到的东西相对多一些，并凑巧被一些气味相投的人认可而已。对外的任何一场活动，无论是一堂三五人的小课，或是一场上百人的演讲，我都会精心准备。最让我欣慰的就是，能将多年从实践中积累的知识毫无保留地分享给大家。这或多或少可能与我当年的教师职业有关联，又或许是被那份融入血液的社会责任感所驱使。不管怎样，这些都不重要，只要还能为茶界发挥一些余热，已让我备感荣幸。

由于多年从事茶书整理、出版工作，加之退休后举办茶会、受邀讲课、参与茶界活动等诸多原因，手头积累了大量的品茶记录与资料，家中也收集了来自祖国各地的成百上千份茶样。机缘巧合，出版社的同事即本书的责任编辑姚佳女士提议，将这些资料汇编整理成册，以图书的形式出版或许可以更好地传播，也方便与更多的茶友们分享品茶的喜悦。

遂成此书。

感谢摄影师范毓庆先生参与拍摄本书中的精美插图。同时感谢家人多年的包容、理解与支持，为了能有更好的贮藏条件，我将寒舍的一间卧室完全改造成了茶仓，一些需要经年累月才能得以转化的茶品，便可毫无顾忌地存放其中了。

随着时代和经济的发展，自古开门七件事里的“茶”，如今已被赋予了更多意义。茶首先是一种农产品，可以作为饮品，也可作为礼品，同时也是一件商品，有人会把它当作嗜好品，更可以作为一种社交方式存在。在有些地区茶是生活的必需品，在有些场合茶是身份地位的象征，诸多的功用给当代的茶汤注入了太多信息和元素，往往容易让人忽略茶汤本身的滋味和魅力。一个事物存在即有它的道理，很难草率地评价孰是孰非。仅通过茶的需求量来评价它的好坏或许是不客观的，价格也并不一定是判断一款茶品质优劣的关键要素。从树上的叶子到杯中的茶汤，经历了太多道繁杂的工序，涵盖了若干种决定性因素，凝结了千年来人类的智慧。这是一个庞大的话题，恐怕永远也聊不完，但其中的乐趣与奥妙却恰在于此。

我很感谢茶给我带来的一切，无论是知识、眼界、成就、人际、友情或是享受，在这里并非只言片语能够表达清楚。本书所呈现的大部分内容，都是我在与友人品饮茶、分享茶、谈论茶、欣赏茶。但安静也是茶的重要属性之一，最惬意的时光莫过于沏上一壶满室飘香的茶，缓缓地将茶杯送到嘴边，在嗅觉与味觉共同的作用下去感受它、体会它。细细品味，你会觉得人生也像这茶一样，从鲜叶、萎凋、揉捻、发酵、干燥到最后呈现出一杯茶汤，各种滋味凝练其中。尽管茶叶有其自身的审评标准，但就个人口味而言，很难一概而论。适口为珍或许并不能作为一句负责任的总结。但我承认品茶是可以被引导和培养的，就好比我们从小学到大学，通过不断的知识积累，对许多事物形成了自己的认识、观点，乃至最终思想产生转变的过程一样。本书尽量以客观的立场去解读每一款茶及其相关的故事，如果能为读者带来一些启发、拓展一些知识，就是我们最大的收获。

祝茶友们能发现更多自己喜爱的茶，愿更多的人都能品好茶，享受茶，爱上茶！

穆祥桐

2020年9月

穆茗而来

与穆老师品茶

目录

蒙山绿茶

说来很有意思，在我退休之前接触的茶人中，许多都年长于我，或者年龄相仿。本以为退休在家之后，因为少有工作牵连，大概跟茶界的瓜葛就会渐渐淡了。未曾想，反倒是接触了更多爱茶、懂茶，甚至制茶的年轻人。这让我感到无比快乐，庆幸从事了与茶相关的工作。大部分人退休以后，恐怕就已经和自己操劳半生的事业完全道别了，而我却仍能在这个环境中像海绵一样汲取水分，那份投入与专注丝毫不减当年，甚至说享受其中也并不为过。我想这大概也是茶的魅力之一。

在众多的小茶友当中，年轻的茶文化学者杨多杰算是家里的常客之一。他曾是我同门师弟所带的研究生，毕业于我的母校，且同是历史文献专业，因此他算是我的师侄，始终对我以师伯相称。别看多杰才刚入而立之年，就已经出版了《茶经新解：茶圣陆羽的饮茶智慧》《中国名茶谱》《茶的品格——中国茶诗新解》等茶类相关图书，并邀请我为其作序。同时作为主持人，除了中央电视台的美食节目，每周二还在北京文艺广播电台直播固定的茶专栏。现在的年轻人与时俱进，懂得运用各种新媒体资源，他就在网上平台开设了个人公众号，为网友们讲解各类茶知识。与同龄人相比，可以说忙得不亦乐乎。

尽管多杰的空余时间甚为有限，但他也会时不时地突然造访。

与青年茶文化学者杨多杰（右1）交流

有些时候甚至刚从外地飞回北京就顺路过来歇歇脚，自然少不了品一两款茶，叙一叙近况。作为茶人之交，也会带回一些各地特色的茶与器相赠予我，并听一听我的审评意见。多杰是个非常好学的年轻人，每次来都不会空手而归，一定会在我的书架上翻出一些茶书带走借阅。饮茶当中，他总是问题不断，关于茶史、茶品、茶人等，一切话题都离不开茶。每次与他相处都会觉得时间飞快，偶尔他也会讲一些在茶区实地走访当中所遇的趣闻轶事，多是与时下制茶工艺“改良”相关，或是在哪里见到了某某“网红茶”，自小就有相声表演功底的他，言谈颇为风趣，时常听得我哭笑不得。可见，茶很容易拉近人与人之间的距离，即便是像我们这样的忘年之交。

这次，多杰的到来，特地为他准备了一款应季的新茶。

1. 净界　一叶蒙山·净界是胡晓燕的四川蒙山红茶叶有限公司生产的。四川蒙山红茶叶有限公司集茶叶生产、研发、销售于一体。公司形象店——宽云窄雨，是成都著名的茶空间，坐落于成都市文化名片——宽窄巷子。公司品牌为“一叶蒙山”。该系列茶品均产自公司自属茶场——苗溪大坪山太一生态茶场，面积3万余亩[①]。大坪山位于青藏高原东沿，终年积雪的夹金山下国家大熊猫繁育核心原始森林保护区蒙山山系。茶场全部分布于海拔1 200～1 500米，土壤肥沃，常年云雾缭绕，雨量充沛。茶园茶树品种多为

① 亩为非法定计量单位，1亩=1/15公顷。——编者注

传统川茶柳叶形小叶种，为历代贡茶选用，现已罕见。所属基地位于四川天全县。茶山自1953年至今，从未施化肥打农药。自2013年以来，产品先后得到日本和中国的有机认证。天全产茶历史悠久，根据《明史·食货志》记载："设茶马司于秦、洮、河、雅诸州，自碉门、黎、雅抵朵甘、乌思藏，行茶之地五千余里。""又诏天全六番司民，免其徭役，专令蒸乌茶易马。"该茶山我参观过，生态条件很好。在山上我已略有高山反应了。

净界为非卖品，所用原料为60余年老川茶群体种开园头采单芽，由经验丰富的制茶师结合蒙山历代贡茶加工工艺，纯手工精制而成，一锅仅制一两，500克净界约需5万个标准芽头。

该茶外形饱满匀称，弧形完美，色泽黄绿匀净；内质香气嫩香、豆香显露，带悠然的兰花香；汤色嫩黄绿，清澈明亮；滋味鲜爽甘醇；叶底肥嫩匀整，色泽均匀亮丽。

净界突出特点有二：一是汤色很淡，但汤感浓稠，内含物质丰富；二是该茶一泡虽然只有3克，但极耐冲泡，且每泡之间变化不明显。

净界确如其名，从干茶到茶汤，再到叶底，无不凸显它的净。这正是制茶人花心思的用功之处。我经常跟茶友说，好茶的第一要素，也是一个必要条件，即是净度。茶，属于食品范畴，所以最基本应当满足人们的饮用安全与健康，首先须符合食品卫生的要求。目前茶叶市场相对火热，市场乱象与不良商家层出不穷，所

与胡晓燕（右1）参观天全四川蒙山红茶叶有限公司生产基地

以希望茶友们在选茶时首先考虑净度这个要素，这是可以通过直观判断的。

绿茶冲泡大多会考虑水温，通常我会将沸水降温至85～90℃，再用盖碗冲泡。当然也可以使用玻璃杯冲泡，方便欣赏茶叶在水中舒展起伏的优美姿态，以增加视觉享受。由于绿茶嫩度普遍较高，

净界包装及干茶

所以避免沸水冲泡，往往可以增加其香气，更好地发挥出茶汤的滋味。使用盖碗则是因为相对于茶壶，盖碗的出汤速度更快，避免茶多酚过量释出而导致茶汤苦涩。

多杰此时已然赞不绝口，于是提出了一个关于我个人，且很多茶友都好奇的问题，“您平时一个人的时候都喜欢喝什么茶?”我不假思索地回答，就是绿茶，用普通茶杯闷泡。他表示有一点惊讶。大部分人都觉得我家中藏茶无数，其中也不乏各地的名优茶品，总觉得没有客人的时候我会独享一些名贵且稀有的茶品。实则不然，在我看来越是名贵稀少的茶品，越应该也越值得与爱茶、懂茶的人一同分享。好茶就是需要拿来分享的，这样才能体现出它的价值，同时也可以让更多人有一个参照，对日后的甄别和评审做出更有效

净界茶汤

净界叶底

的判断。这也是我最愿意向大家传达的信息。

一个人的时候爱喝绿茶，可能是出于工作原因，年轻的时候并没有太多时间使用繁冗的茶具来泡茶，抓一点绿茶，往杯中一投，倒入开水，便可做到饮茶与工作两不误了。慢慢地也养成了这个习惯，所以我常说茶叶是嗜好品，当你适应了它，就会成为一种生理需求，一天不喝上几杯，总觉得身体里缺少些什么，甚至工作起来都会显得少了点精神。但是这个嗜好不同于吸烟喝酒，饮茶最大的好处是对身体益大于弊。由于我的工作经常需要阅读大量稿件，那么绿茶就很适合在我工作期间饮用，其主要功效具有提神清心、降火明目等作用。而且滋味香甜，沏一杯绿茶真的能达到满室飘香的效果。如果选用透明玻璃杯冲泡，那更是一种赏心悦目的享受。

一泡茶自然是满足不了多杰。经常来我这儿的茶友都知道，每次我都会准备几款茶，有时候是按茶区分类，有时候按茶品分类，有时候按茶龄分类，总之分类方法应有尽有且各具特色。但大部分时候我都是为了满足茶友们的需求，有些熟客干脆在进门之前已经点好了当天要喝的茶，只要我有的就会尽量去满足他们。我本人也是乐在其中。实践表明，在这种集中对比冲泡的情况下，往往更容易了解和熟悉茶性，并且更容易区分出不同茶品之间的优缺点，很有助于提升饮茶人的品位和鉴赏能力。接下来要给多杰品尝的是另一款绿茶，这次我们按照同样的茶类来划分，并且也是同样的产区，同一个生产厂家。

2. 甘露　一叶蒙山 · 甘露也是四川蒙山红茶业有限公司生产，使用的原料是该公司天全茶山的60余年老川茶群体种单芽及一芽一叶初展的鲜叶，沿用明代“三炒三揉”工艺精制而成。炒制时一锅虽然两个师傅交替进行，但炒后仍是两手起泡。甘露创制于明代初期，产量一直不多。据学者考证，甘露一名来源有二：一是纪念蒙山植茶祖师吴理真，“甘露”梵语是“念祖”之意；二是茶汤似甘露。

甘露包装及干茶

甘露茶汤

甘露叶底

该茶干茶紧细匀卷，显毫，色泽翠绿油润；内质花香馥郁，显毫香；汤色黄绿，清澈明亮；滋味鲜爽，醇厚回甘；叶底嫩黄绿色，秀丽匀整。该茶一泡 4 克，汤浅味浓，香气持久，极耐冲泡。

一叶蒙山 · 甘露、一叶蒙山 · 朴、一叶蒙山 · 隽永，分别荣获亚太茶茗大奖赛第三届、第四届、第五届大赛金奖，一叶蒙山 · 甘露还荣获 2021 年“中茶杯”第十一届国际鼎承茶王赛金奖；一叶蒙山 · 黄芽连续两年获得中国黄茶斗茶大赛金奖。一叶蒙山 · 山、一叶蒙山 · 石花分别获得亚太茶茗大奖第三届、第四届银奖。

两款绿茶下肚，还算不上酣畅淋漓，但多杰已经感觉有些饿了。在这里要提醒大家，由于绿茶的工艺流程所决定，它的鲜叶并没有经过发酵，在保持嫩度的同时，也是各茶类之中寒性最大的。因此，很多人喝了绿茶之后胃肠道会不舒服，有些人喝绿茶也很容易出现茶醉现象。所以建议大家喝茶因个人体质而异，尤其是有些体寒的女性，在选择饮用绿茶时需要注意这点。大部分茶都有祛油脂和降糖的功能，因此茶喝多了，自然会有饥饿感。这个时候最好的办法就是补充能量，可以准备一些小吃或者甜食，防止茶醉。身为美食节目主持人的杨多杰，当然不会亏待自己的肚子，幸好楼下就有一家令他颇为称赞的清真小馆，每次我们爷俩儿茶喝透了，就会过去点上一碗牛肉拉面、几串红柳烤肉，饱餐一顿，方能令他满意而归。如此看来，喝茶不仅具有上述益处，还能助消化、开胃口。尤其是对于一些有小儿厌食，或食滞症状的人，不妨饮用适量的热茶一试。

宜良宝洪茶与普洱茶

2020年5月4日青年节，又逢五一小长假；且喜北京新冠肺炎疫情应急响应由一级降为二级，于是约摄影师范毓庆、弟子汪刘峰，以及小茶人任慧、胡三乐在家品茶，下午车一奇也来了。大家一起品尝云南制茶专业高级工程师、宜良祥龙茶厂总经理白文祥寄来的云南宝洪茶和他用自己1996年贮藏的古韵生津和参香甘韵两款普洱散茶拼配而成的普洱散茶。为何将这两款茶安排在一起品尝，有两个原因：一是都产自云南，二是都与我国著名茶学专家、西南大学茶叶研究所所长、博士生导师刘勤晋教授有关。

提起刘教授，不得不提一本书——《茶文化学》，此书是普通高等教育农业部“十二五”规划教材，全国高等农林院校“十二五”

规划教材，是农业高等院校首部茶文化学教材，也是我唯一连续三个版本担任责任编辑的茶学教材。主编即时任全国茶学科组副组长的刘勤晋先生，他是茶学界中传统文化知识造诣较深的学者。在每版的编撰之初，我们都要开展充分的讨论，刘先生虚怀若谷，不但能一一采纳大家的意见，而且提携后人，才使这三版的编者队伍不断壮大。

在这里想到一个题外话，刘勤晋教授与我是几十年的故交。虽然一南一北相隔两地，却从未间断过联络。若是他来北京开会，再忙也会抽时间单独与我见面，私下里吃顿饭聊聊近况。有一次我们去一家饭馆就餐，刘教授随手掏出一泡武夷岩茶，由于饭馆并没有适合的茶具，他索性将整泡茶倒入一个2升左右装满开水的大茶壶中，就在这样简陋的条件下，茶人的餐桌上总算是有了茶。令我出乎预料的是，这一大壶茶香气明显、甜度适中、滋味柔和，完全尝不出任何苦涩味和缺点。这让我意识到，无论何时何地，以何种方式泡茶，茶的品质和工艺才是第一位的。不会想到一个研究茶、制茶一辈子的老茶人，竟然可以用如此随意的方式饮茶，这正体现了茶人与茶本身的包容性，形式仅是用来点缀的，内容才是根本。

1. 宝洪茶　提到云南茶，大家马上想到普洱茶，其实云南还有其他茶类的历史名茶。宝洪茶就是云南绿茶类的历史名茶。20世纪70年代末，刘勤晋教授受著名茶学家陈椽教授之邀，参与全国高等农业院校茶学教材《制茶学》的编写。为了弄清楚云南这一历史名茶，刘教授特意去云南进行调查了解。

唐穆宗长庆年间（821—824），福建雪峰寺僧人玄兴和尚到云南宜良宝洪山开山兴建相国寺，同时从福建引进武夷茶祖代茶树品种菜茶品种栽培，传承至今。宝洪山自然条件宜茶，因此宝洪茶由于品质优异成为宜良县历史上的重要物产。自明嘉靖三十六年（1557）

宝洪茶干茶

宝洪茶茶汤

宝洪茶叶底

至清咸丰年间（1851—1861）皆为贡茶。据说朱德元帅20世纪30年代在云南时，最爱喝宝洪茶。1964年，宜良县派浙江农学院（后改名浙江农业大学，再后并入浙江大学）茶叶专业毕业后支边的徐世年，重新从福建引进当代大红袍茶树品种进行现代茶园种植。茶园投产后又派人到浙江杭州学习龙井茶的炒制技术。

宝洪茶外形似西湖龙井，干茶条索秀丽，显毫匀嫩，香高鲜爽，味浓持久，汤色碧亮。

由于该茶香气高雅，滋味鲜浓，汤色碧亮等特点，所以在国内评比时多次获奖，不但作为名茶收录在《制茶学》中，还在《中国名茶志》和《中国茶经》中被列为名茶予以介绍。

在现代划分的六大茶类中，绿茶的生产历史比较悠久，在生产区域、品种、产量及消费区域等方面，均居六大茶类之首。

绿茶分类目前有两种方法：按加工方法分类，有炒青绿茶、烘青绿茶、晒青绿茶和蒸青绿茶；按加工后茶叶的形态分类，有扁形绿茶、针形绿茶、单芽形绿茶、毛峰绿茶、兰花形绿茶、曲螺形绿茶和珠粒形绿茶。现大多采用前者。

现代医学研究表明，绿茶中所含的叶绿素有降低胆固醇的作用，对脂肪代谢有显著作用，能分解脂肪、降血脂，对脂肪肝有一定的防治作用。绿茶能减轻动脉硬化的程度，对冠心病的防治有一定作用，能防治高血压，减少中风率，对痢疾肠炎也有一定的疗效。

1945年日本广岛和长崎原子弹爆炸后，茶农、茶商和长期饮茶

2014年与刘勤晋（左1）、程启坤（左2）、朱自振（左3）、萧力争（右1）一起研讨岕茶

者受害相对较轻，后经美国和中国台湾的科学家研究，对此现象进行了科学上的解释，绿茶有一定的防辐射作用。2011年，中国工程院院士郭应禄指出：日本和西方国家科学工作者研究证明，绿茶对癌症的治疗有一定作用。近两年来有医学工作者还指出：服用绿茶可以使大脑神经的连接点明显增加，可以增强记忆力；绿茶还可以帮助人们排钠。有的医学工作者认为：痰湿体质、湿热体质或特禀体质的人，尤其适合饮用绿茶，绿茶对防衰老、杀菌、消炎等都有好处。有的医学工作者通过对绿茶主要功能性成分儿茶素的研究得出结论：每天摄取250毫克儿茶素可观测到抗氧化作用，每天摄入400毫克儿茶素可降低体重、血糖、血压、血脂等，因此每天喝三杯绿茶对身体会有作用。

2007年参加全国茶学科组会议时与刘勤晋（右4）、郭桂义（左1）、王岳飞（左2）合影

在非典防治时期，著名的营养学家倡议每人每天饮用一定量的绿茶，可以提高人体的免疫力。但由于绿茶其性偏凉，所以老年人及脾胃寒凉之人，不宜饮用浓酽的绿茶。绿茶还有兴奋中枢神经的作用，所以临睡前亦不宜饮用绿茶。

2.“古韵生津”与“参香甘韵”拼配普洱散茶　这款再拼配普洱散茶，是云南制茶专业高级工程师、云南宜良祥龙茶厂厂长、云南茶区十佳匠心茶人白文祥拼配的。1989 年，白文祥从西南农业大学（今合并为西南大学）茶叶专业毕业后，到云南省茶叶进出口公司宜良茶厂从事普洱茶工作至今，已有 30 多年的专业制茶经验。

白文祥是一位充满正能量且格外稳重的制茶人，他经历了普洱茶在市场机制下造成的多次身份转变，并能严格恪守自己所学的知识和方法，不为市场乱象所影响和牵制，保持传统的制茶风格和产品路线，这一点足以令人钦佩。这也正是多年来他的产品外销远超于内销的主要原因。普洱茶早在百年以前就被中国香港，以及东南亚等地区的华人所追捧。由此可见，白文祥所制的普洱茶仍能代表一个饮茶时代的特色。他身为制茶高级工程师，与其说是一个茶人，倒更像是一位科学家。他可以用一系列精密的公式及图表来阐释自己的制茶方法，也从不迷信于各种普洱茶界的江湖传说，凡事必先身体力行，靠自己的亲身感受与科学经验来做出判断。尽管他外表看起来稍显不修边幅，但在制茶上他绝对是个心思细腻的老茶师。

谈到普洱茶，有些人脑海里充满着山头和单株的概念。其实，科学制法的普洱茶是需要拼配的，即在充分认识每一种原料后，把它们按照一定比例拼配在一起，使其优势互补，达到品质最佳。这就是刘勤晋教授在讲制茶时常讲的那句名言："好茶是设计出来的。"

宜良祥龙茶厂的普洱生茶

宜良祥龙茶厂的普洱熟茶

参香甘韵散茶与古韵生津散茶的原料均选自云南滇西数个主要产茶名县的农家传统种植古茶园，海拔多处于 1 600 ～ 2 000 米，茶树散植于天然森林之间，品种为勐库大叶种。参香甘韵原料在制茶专业人员的呵护下贮藏 20 余年陈化转化熟化，采用茶叶风味组学原理精心、科学拼配而成。该茶参香陈韵，陈香优雅，滋味浓强甘醇，回甘厚滑活润，余味绵长幽远。

古韵生津是采用现代的熟茶渥堆发酵工艺进行发酵，然后筛分拣剔分级，在云南滇中干燥的气候环境下贮藏陈化 20 年，运用茶叶风味组学原理进行适度调整拼配而成，具有陈香细腻优雅，滋味滑润回甘，余味醇绵幽长。

刘勤晋教授让白文祥将此两款茶进行拼配尝试。白文祥经过试验，发现参香甘韵与古韵生津由 3：7 ～ 5：5 的比例进行拼配，可以满足不同饮者的口感需求。该拼配的普洱散茶滋味更好，表甜与回甘、浓强与细腻都集于一体。冲泡这款拼配普洱散茶，使用的是李

拼配普洱散茶干茶

拼配普洱散茶茶汤

拼配普洱散茶叶底

芳用降坡泥制的仿古如意壶。

最早而又详细记载普洱茶的，是清道光十五年（1835）《云南通志稿》所收清人阮福的《普洱茶记》：“普洱茶，名遍天下，味最酽，京师尤重之。……本朝顺治年间，平云南，那酉归附，旋叛伏诛，编隶元江，通判以所属普洱等处六大茶山，纳地设普洱府，并设分防思茅同知，驻思茅。思茅离府治一百二十七里，所谓普洱茶者，非普洱府界内所产，盖产于府属之思茅厅界也。厅治有茶山六处，曰倚邦、曰架布、曰嶍崆、曰蛮砖、曰革登、曰易武，与《通志》所载之名互异。福又检贡茶案册，知每年进贡之茶，例于布政司库铜息项下动支银一千两，由思茅厅领去转发采办，并置办收茶锡瓶、缎匣、木箱等费。其茶在思茅本地收取鲜叶时，须以三四觔鲜茶，方能折成一觔干茶。每年备贡者：五觔重团茶、三觔重团茶、一觔重团茶、四两重团茶、一两五钱重团茶，又瓶盛芽茶、蕊茶，匣装茶膏，共八色。思茅同知领银承办。……又云：茶产六山，气味随土性而异，生于赤土或土中杂石者最佳，消食、散寒、解毒。于二月间采蕊极细而白，谓之毛尖，以作贡，贡后方许民间贩卖。采而蒸之，揉为团饼。其叶之少放而犹嫩者，名芽茶。采于三、四月者，名小满茶，采于六、七月者，名谷花茶。大而圆者，名紧团茶。小而圆者，名女儿茶。女儿茶为妇女所采，于雨前得之，即四两重团茶也。其入商贩之手，而外细内粗者，名改造茶。将揉时，预择其内之劲，黄而不卷者，名金月天。其固结而不解者，名扢搭茶，味极厚，难得。”该文较详细地讲述了传统普洱茶的种类及加工方法。清宫里每年在端午暑湿渐盛之时，赏赐王公大臣普洱茶。如乾隆五十一年（1786）端午节，赐嫔妃等人以及十公主大普洱茶六个，女儿茶三十个。嘉庆二十五年（1820）进皇太后、诚禧皇贵妃等大普洱茶八个，女儿茶五十个；赏王子大臣等普洱茶三瓶，禄喜等普洱茶二十四瓶；如喜、陆福寿、长寿、寿喜等普洱茶十一瓶。至 1973 年，云南出现了人工渥堆陈化的现代工艺，后来的普洱茶便出现了生茶和熟茶两种。前者一般认为在没有转化前应属于绿茶，后者属于黑茶。

红茶鼻祖·正山小种

5月18日孙女夏虞南夫妇过来看我，摄影师范老师又方便过来，小茶人胡三乐又可巧到附近办事，于是决定一起品茶。今天的三个“主角”是老少搭配：第一款是“年老”的正山小种红茶，“年轻”的是两款新问世的绿茶：熟溪扁舟与试验品种制的龙井茶。

夏虞南与我并无亲缘关系，但从辈分来讲她始终称呼我为爷爷，于是我便欣然认下这位孙女。夏虞南夫妇都是年轻有为的高才生，二人均是清华大学的博士研究生。在校期间夏虞南曾任清华大学茶社的社长，对茶文化史和茶席美学设计都有较深的造诣。她自幼受家庭熏陶，对老茶有很深的理解，其父在老茶收藏界也是颇有名气的一位资深藏家。他们也会经常带一些老茶来我处共同品鉴。他们夫妇还利用自己的所学，凭着对茶的热爱，在北京创建了小茶馆名优茶品牌连锁店，以年轻人的视角打造和经营着具有传统与现代格调相结合的茶空间。在他们的茶空间里也会经常举办茶文化普及的知识讲座，我自然也少不了成为座上宾。他们创业的坎坷与决心经常让我感动，但同时也让我看到了新一代茶人对茶的执着与热爱，也包含着对茶产业未来的希望。

1. 正山小种红茶　历史名茶，是世界上最早出现的红茶，被誉为世界红茶的鼻祖，于17世纪（明代后期），创制于福建崇安县（今武夷山市）。所谓正山，表明是真正高山地区所产之意，地理范围是以武夷山庙湾、江墩为中心，北到江西铅山石陇，南到武夷山曹墩百叶坪，东到武夷山大安村，西到光泽司前、干坑，西南到邵武观音坑，方圆约600平方公里的范围，该地区大部分在今福建武夷山国家级自然保护区内。因桐木关所产品质最优，又称“桐木关小种”；又因集中于星村加工，故又称“星村小种”。正山小种诞生的时间，姚月明先生最早提出是清代道光咸丰年间（1821—1861），太平军进驻星村镇时。而邹新球在其著作中考证，明后期（17世纪初期），茶叶发酵技术首次在武夷山出现。他引述被茶学专家张天福誉为“茶叶世家”之二十四代传人江元勋讲述其家族流传有关红茶产生的说法：明末某年制茶时，北方军队路过庙湾驻扎在茶厂，夜晚睡在茶青上，军队撤离后，茶青发红，老板心急如焚，把茶叶搓揉之后，用当地盛产的马尾松柴块进行烘干。烘干的茶叶乌黑油润，并带有

2018年在武夷山坳头盛园春茶厂与叶兴渭交谈

一股松脂香味。让他意外的是市场上对这个新出现的茶大为欢迎，第二年竟有人出两三倍的价钱前来订购该茶。就这样，世界上第一款红茶——正山小种红茶在武夷山诞生了，张天福为此给庙湾题词“正山小种发源地”。

说起正山小种红茶，就要介绍福建一位著名茶人——叶兴渭。他于20世纪60年代初期便多次到当时交通闭塞的武夷星村桐木关小种红茶产地实地调查、指导、研制出口小种红茶。对正山小种初制“过红锅与熏烟工序工艺”进行改革。他将传统在青楼内明火萎凋、发酵、烘焙，改为在青楼外挖坑道，让热力通过坑道送入室内。这样既杜绝了火灾隐患，节约了成本，又降低了二氧化碳的排放。

该办法一直沿用至今。叶兴渭还主持制定了武夷小种红茶标准样。我与叶兴渭认识是骆少君院长介绍的，开始只是书信往来。第一次见面是在人民大会堂为申奥举办的评茶会，中场休息时，我看到他便向他走去，而他也向我走来。我问他为何猜我是“穆祥桐”，他笑着对我说：“老远就闻到你身上的臭墨味。”其直率、诙谐可见一斑。他生活简朴，外出评茶时，只要一碟萝卜干、一碟空心菜，便吃得津津有味，从来不讲排场。他很重情谊，2018 年我带领弟子去武夷山，他不但全程陪伴，而且不顾众人劝说，与大家一起爬上了建瓯的凤凰山，观看北苑摩崖石刻。

正山小种红茶现在在茶界几乎无人不晓了，但在 2000 年以前却不是如此。据叶兴渭讲：在一次全国茶叶评比活动中，一位专家看到了正山小种红茶，闻了闻后说：“这种变质的茶还拿来评？”他把正山小种红茶特有的烟熏味当成了异味。正山小种红茶的产地位于武夷山国家自然保护区内。区内茶农的经济来源只有茶叶生产和砍伐毛竹两项。所以，当时茶农与保护区的矛盾比较大。为了解决这一矛盾，同时为了弄清楚正山小种红茶的发展历史，保护区成立了“武夷山正山小种红茶史研究”课题组。由时任自然保护区管理局副局长邹新球任组长，吸收了时为浙江大学化学系副教授郭雯飞、保护区高级工程师金昌善和武夷山自然保护区元勋茶厂（现名武夷山国家级自然保护区正山茶业有限公司）厂长江元勋、自然保护区桐木茶厂厂长傅连新。这一课题列入了省自然科研项目。

2005年8月，由骆少君和我、叶兴渭、方华英、周玉蟠等人组成专家委员会，审定通过了该研究成果。该成果后来作为骆少君主编的名茶丛书之一，以《世界红茶的始祖——武夷正山小种红茶》为书名，于2006年5月由中国农业出版社出版发行。

正山小种红茶品质特征：外形条索肥壮，紧结圆直，不带芽毫，色泽乌黑油润；内质香气芬芳浓烈；汤色红艳浓厚，有醇馥的松烟香和桂圆汤蜜枣味；叶底肥厚红亮。正山小种红茶可清饮或加奶和糖调饮。冲泡以朱泥紫砂壶为佳。为了满足不同消费者的口味，正山小种红茶的制作在原料和工艺上有所调整，有的使用高香的品种

2018年在建瓯北苑摩崖石刻合影
（前排由左2至右为范毓庆、叶兴渭、穆祥桐、黄琴心、祖耕荣，左1为政协报记者徐金玉）

生产花香小种，有的不再用松木熏制。

今天品鉴的正山小种红茶是江元勋的正山茶业有限公司生产的特级正山小种红茶。该公司的产品分为特级、一至三级共四个级别，其中二级茶用于出口。

该公司生产的正山小种红茶在国内外多次获奖。原主销英国、德国、荷兰、瑞典等，现在国内也有很大的销量。今天冲泡正山小种红茶使用的是李芳用宜兴大红袍泥制作的笑樱壶。

在武夷山桐木元勋茶厂与江元勋（左1）、邹新球（右1）合影

正山小种红茶干茶

正山小种红茶产生后，其加工技术经过江西的铅河口，于光绪元年（1875）前后传到了安徽祁门县，出现了祁门红茶，随后又陆续产生了湖南的“湘红”、福建的“闽红”、江西的“宁红”、湖北的“宜红”、台湾的“台红”。

红茶根据制造的方法不同而分为小种红茶、工夫红茶和红碎茶，是中国主要出口的茶类，也是世界上销量最大的茶类。

红茶性温热，具有和胃暖胃、散寒除湿、健脾护肝等功效，适宜冬天或寒性体质人饮用。据现代科学研究，红茶中富含锰元素，有利于骨骼发育。红茶中含丰富的黄酮类物质，一日饮 3 ～ 4 杯红茶，可避免心肌梗死，红茶对痢疾肠炎，也有一定疗效。常喝红茶还有预防帕金森病的作用，新加坡研究人员调查了 63 000 名 45 ～ 70

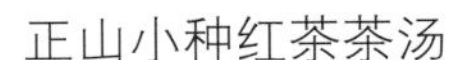
正山小种红茶茶汤

正山小种红茶叶底

岁的新加坡居民，发现每个月喝 20 多杯红茶的受调者患帕金森病的概率比普通人低 71%。西澳大利亚大学的研究人员发现，如果每天喝 8 杯红茶，对降低血压具有“显著的效果”。中国医学工作者的研究表明：长期、有规律的饮用红茶，可以显著的降低血压。如果推广到普通人群，“患高血压的人数就会减少 10%，患心脏病的风险将降低至 7% ～ 10%”。

2. 熟溪扁舟与试验品种制的龙井茶 为什么把这两款茶放在一起品鉴，目的就是让品饮者明白：茶叶作为一个农产品，决定它品质的条件依次为品种、生态环境和加工工艺。

熟溪扁舟是浙江武义骆驼九龙砖茶有限公司生产的一款绿茶。该公司创建于 1985 年，自有茶园基地 2 500 亩，借助“有机茶之乡”的原料优势，在专注黑茶产业的传承与创新同时，调整产品结构，在海拔 500 ～ 600 米的茶园中，种植龙井 43 号，并按照龙井茶加工工艺，生产出熟溪扁舟这款扁形炒青绿茶。该茶外形扁平光润，色

熟溪扁舟包装及干茶

泽嫩绿鲜润；内质清香持久；汤色嫩绿明亮，清澈；滋味鲜醇甘爽，花香馥郁；叶底匀整，嫩绿明亮。

该茶在2020年中国茶叶流通协会举办的“第十届‘中绿杯’名优绿茶”评比活动中，荣获特金奖。后来我的师侄经大帅请上海的茶人品尝，发现“熟溪扁舟”比杭州一些有名产区生产的绿茶还要好，再次证明了加工工艺在茶叶生产中的重要性。

熟溪扁舟茶汤

熟溪扁舟叶底

试验品种龙井茶干茶

这款试验品种加工的龙井茶，与熟溪扁舟的区别主要是干茶外形挺直、尖削，汤色相对淡些，豆香馥郁。

看起来今天的“老少”搭配茶品组合深得夏虞南夫妇的赞赏，席间我们也聊了一些有关茶席美学的话题。有不少细心的茶友都注意到在我家客厅和走廊的墙壁上，经常会更换一些国画或书法作品。确实如此，这也可以算是我的一大赏玩爱好，差不多每个月都会对墙上的书画藏品做一次调整，作为欣赏与装饰。其中大部分都是好友相赠，其间也不乏一些名家之作，使得陋室蓬荜生辉。尤其是在品茶的时候，显得格外雅致，意境深远，更何况有些作品的主题还是与茶相关，令我格外喜爱。在日本茶道文化里这大概是被称作茶挂的。欣赏之余我不得不提到一个人，那就是有西泠五老之一、著名的医学家、著名的书法篆刻家、世界上第一个提出“茶疗”概念的林乾良先生。在我的众多藏品中，林老的作品占了相当的比重。

试验品种龙井茶茶汤

试验品种龙井茶叶底

林乾良先生绝对可以被称为奇才，身为中医学家，人民卫生出版社出过他的全集；作为世界第一个提出茶疗的人，他的《中国茶疗》一书被译成多国文字出版发行。我也有幸经手出版过林乾良先生著写的《茶寿与茶疗》和《茶印千古缘》。如今林老已九十高寿，但每日仍笔耕不辍，这种精气神令每一位年轻人都赞叹不已。我想他正是以身作则，充分说明了饮茶与健康的重要性。

夏虞南对于日本茶道文化也有一定的见解，曾经受邀多家网络媒体采访并阐释一些观点。我们由茶挂引出话题，就此又深入浅出地聊了一番。这让我回忆起有一次我受邀在某机构开设的高级评茶师的课程上，当进行到答疑环节的时候，有一位学员提出的问题："日本盛行茶道，韩国倡导茶礼，祖国的宝岛台湾更是把茶艺推到了一定的高度。那么我们中华大地作为茶叶的故乡，应该怎样定义自己的茶文化呢？"其实这个问题很难以一家之言给出一个标准回答。

中国是茶叶的发源地，无论是茶道、茶礼或是茶艺，甚至是英国的下午茶文化，它们形式的根源都来自同一片土地，只是经过了历史与社会的变迁，逐步改进发展乃至最后扎根到一个民族。可以理解为这些都是对茶文化在某种程度上的一种保留。我们不做标榜，并不代表我们失去了或是我们不存在，反而这是一种包容，属于茶文化的包容。包容本来即是茶最具代表性的特点，茶是如此的平易近人，无论长幼尊卑都有享用它的权利。如若非要找出一个与之对仗或类比的词汇来定义中国人的茶文化观，我更想用茶生活来诠释。自古茶就与我们的平常生活息息相关，中华民族的包容与宽厚都可以在我们的茶中体现，回顾历史它是如此的平凡而又不凡，时至今日它仍被大众触手可及，像亲人像朋友，是生活的一部分。

英红九号与漳平水仙

5月29日，与惠文琦、胡三乐等茶人一起品鉴广州桂埔芳经理寄来的英红九号和福建茶人张文健寄来的漳平水仙。将两款茶放在一天里品鉴，主要有两个原因，一是作为红茶和乌龙茶，它们分别在自己所属的茶类中名声不大；二是它们分别在自己所属的茶类中个性突出。冲泡英红九号使用的是李芳用宜兴大红袍泥制作的笑樱壶，冲泡漳平水仙使用的是王红娟用朱泥制作的报春壶。

1. 英红九号　英红九号既是茶树品种名，又是茶叶商品名。作为茶树无性系新品种，它是小乔木型、大叶类、早生种。是广东省农业科学院茶叶研究所从云南大叶群体种中选育而成，1988年被广东省农作物品种审定委员会审定为省级良种。英红九号全年可采制

英红九号包装及干茶

高档红茶——金毫茶，以春、秋茶形、质量最佳。用英红九号制成的红茶亦称英红九号，该茶外形条索紧细，金毫油润；茶汤红艳明亮，滋味浓醇鲜爽。该茶叶既可以清饮，又可以加奶加糖调饮，品质均佳。英德红茶曾于20世纪60年代作为英国皇室招待用茶，并获好评。

英红九号茶汤

英红九号叶底

英红九号在我们的小茶圈里可以说是一款很受欢迎的茶，不仅是因为它有较高的性价比，最关键的是因为它那特有的香气，我们曾经和若干知名红茶同时进行对比冲泡，它的香气和滋味都不亚于那些知名品种，还有另外一个不容忽视的因素，就是它的冷香要比其他红茶稳定得多，很多红茶在温度冷却后会出现苦涩味，而英红九号却仍能保持香气不减，这是很令人兴奋的。而且很多茶友会把它作为自制奶茶的首选，也是与它那种与生俱来的香气有关的，因此它能得到英国皇室的青睐也就不足为奇了。

2. 漳平水仙　又称漳平水仙茶饼、“纸包茶”，闽南乌龙茶的一种，历史名茶，创制于民国时期。当地茶农鉴于水仙毛茶条索疏松，不易携带，便在初制工艺中用一定规格的木模压制成方形饼茶，然后进行烘焙。该茶外形呈 5 厘米 ×5 厘米的小方块，形似方

漳平水仙干茶

饼，色泽黄绿油润，干香纯正；汤色橙黄，清澈明亮；香气高爽，具花香且香型优雅；滋味醇正甘爽，且味中透香；叶底肥厚，红边鲜明。

漳平水仙多次在国内获奖，出口日本及我国港澳地区，目前内地也有一定销量。

乌龙茶又称青茶，也是中国特有茶类。一般认为始于明末而盛于清初。其发源地有二说：一为闽北武夷山，一为闽南安溪。乌龙茶按产地细分，有闽北乌龙，包括武夷山、建瓯、建阳等地，产品以武夷岩茶为代表；闽南乌龙，包括安溪、永春、南安、同安等地，产品以安溪铁观音为代表；广东乌龙，包括潮安、饶平、平远、蕉岭等地，产品以潮安的凤凰单丛和饶平的岭头单丛为代表；台湾乌龙，包括台北、桃园、苗栗、宜兰等地，产品以南投的冻顶乌龙和台北的文山包种为代表。

漳平水仙茶汤

漳平水仙叶底

乌龙茶是现代最早经科学研究，认为对人类有保健作用的茶类。科学研究表明，乌龙茶具有促进消化和分解脂肪的作用，日本临床实验表明，乌龙茶具有降低胆固醇和减肥的功效，对冠心病有一定的防治作用。早期一些减肥茶中就含有一定的乌龙茶成分。乌龙茶在茶类中是含氟量较高的一种。因此，饮用乌龙茶有一定的护齿功效。

伍·广东普洱

6月5日下午，与时为东方国艺望京分校校长王丽丽，茶人胡三乐、惠文琦、娄文琦一起品鉴广州盈誉天茶叶有限公司生产的三款普洱茶：龙饼广云贡、广云红韵、大红柑普。

现代普洱茶的加工工艺是在广州诞生的。20世纪50年代初，由于众所周知的原因，港澳市场普洱茶供应紧张，而广州待加工的晒青毛茶大量积压。为了满足市场的需求，广东省茶叶进出口公司于1955年开始，着手进行普洱茶人工加速后发酵的生产工艺研究，并成立了由袁励成、曾广誉、张成组成的“三人攻关技术小组”，袁励成任组长，于1957年获得成功。广东普洱茶的原料，由单一的云南大叶种走向大、中、小叶种共容并用；原料供应地则由云南、广东、广西等省区扩大到海南、四川等地区，甚至包括越南、缅甸、泰国等国家茶区。

从20世纪90年代后期开始，因人工成本上涨和珠江水污染等因素的影响，广东普洱茶厂陆续退出生产，茶商们逐渐转向在云南收购原料就地加工后调回广东销售。有关这方面的介绍，可参看张成、桂埔芳著，香港中国文艺出版社出版的《广东普洱》；以及穆祥桐著，台湾宇河文化出版公司出版的《识茶》等著作。

今天喝的三款广东普洱茶均为广州盈誉天茶叶有限公司生产。冲泡茶壶为李芳用宜兴降坡泥制作的仿古如意壶。

1. 龙饼广云贡　使用20世纪90年代后期在广东润水渥堆的大叶青毛茶，于2006年调云南茶厂拼入2005年勐库大叶种特级普洱熟茶，压制成200克圆饼。

龙饼广云贡干茶

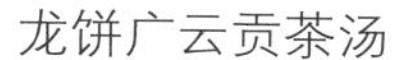
龙饼广云贡茶汤

龙饼广云贡叶底

该茶品质特征：圆饼光滑，色泽红褐，金芽显露油润，陈香悠长；汤色红浓明亮；滋味醇厚，稠滑暖甜；叶底乌褐匀亮。

另外的一款广云贡饼，是用 2006 年云南大叶种宫廷等级熟普为原料，于 2008 年压制成 357 克圆饼，滋味更为浓厚。

2. 广云红韵　使用 20 世纪 90 年代大叶青毛茶，2013 年调往云南茶厂，拼入云南陈年大叶种晒青毛茶匀堆，压制成 357 克生饼。

广云红韵包装及干茶

广云红韵茶汤

广云红韵叶底

该茶品质特征：圆饼平滑，色泽乌褐，香气纯正；汤色红艳明亮；滋味醇爽，生津，回甘，显活性；叶底红褐匀亮。

对于广东普洱，或许了解它的人并不多，但它却在普洱茶的发展历史上占据了不可或缺的重要位置。从某种角度来说，它是现代普洱茶熟化工艺的基础，也曾将普洱茶拼配技术发挥到了极致。广东普洱茶原料选择范围涵盖更广，导致它的口味层次更加丰富，滋味出现更多变化，熟化程度与仓储环境也使它的汤感更加醇和滑顺。尽管众所周知，普洱茶的产区始终都在云南，但当时作为重要销区的广东更加清楚客户对于普洱茶品质及口味的需求，从而针对市场进行更为精准有效的产品改良，以便创造出更多的经济效益。这一系列的连锁反应，才使得普洱茶有了现在的模样和势头，因此广东普洱对于整个普洱茶行业的影响是不可磨灭的。“1950 年之后，应新中国建设需要，云南茶产业调整转为大量生产‘滇红茶’‘滇绿茶'和'滇青茶'等茶产品销售国内市场和作为'社销茶'出口，停止了'红汤茶'普洱熟茶生产加工。1973年，应国家外贸发展需要，云南昆明茶厂派安增荣、吴启英、李桂英，下关茶厂派刘正民等2人、勐海茶厂派邹炳良等2人共7人，到广东省茶叶进出口公司直属茶厂考察学习约一个月之后，各自回厂分别进行了'红汤茶'普洱熟茶恢复性试生产。"在云南省档案馆相关资料的这段记载中，足以看出广东普洱对当代普洱茶的影响具有多么深远的意义。

3. 大红柑普　选用20世纪90年代出口熟普原料，2014年调往广东新会柑果核心基地，摘取2014年12月大红柑果，经现代柑普茶加工工艺：摘果—洗果—干燥—切帽—取肉—晾晒—干燥（晒烘）而成。

该茶品质特征：外形圆正，大小匀齐；汤色红艳，既有新会大红柑浓郁的清香，又有普洱茶的醇厚甜润。

大红柑普包装

大红柑普干茶

大红柑普冲泡多时，又用雷建新紫砂煮茶壶煮了五六次，汤色恢复，滋味又有变化。该茶品屡被医学人士推荐，认为具有健脾养胃、消食降脂、燥湿化痰等健体功效。

现在充斥市场上的小青柑即由此而来，但与大红柑普的作用不同。

据明代缪希雍在《神农本草经疏》中的记载："青皮，性最酷烈，削坚破滞是其所长，然误服之，立损人正气，为害不浅。凡欲施用，必与人参、术、芍药等补脾药同用，庶免遗患，必不可单行也。"可见青柑与红柑最大的区别是，青柑的功效在于破气，而红柑则是用于理气。传统中医对于草药的应用博大精深，在这里也希望可以引起广大茶友及商家的注意，饮茶的同时不是仅仅依靠口味来决定一切，有时还必须根据自身的体质来选择适宜的茶品，毕竟喝茶的目的是为了使人身心健康愉悦，倘若效果适得其反，便真是得不偿失了。

大红柑普茶汤

大红柑普叶底

·岩茶老中青

5月11日的品茶活动是时间最长、人数最多的一次。最先到的是现在从事农业文化遗产研究的南京农业大学科研处副处长卢勇二人，随后是乘高铁特地从河北衡水赶来的王彩杰。今天的活动临时增加品尝张广泰公司张纯伟和陈小春二人于2010年春用华茶2号（福鼎大毫茶）制作的白毫银针。该茶的品质，连主营白茶第一品牌——品品香的王彩杰都赞不绝口，晚上临走时还要了一泡带走。

下午胡三乐、惠文琦、李秀凤、王丽丽、汪刘峰等人陆续来到，按照计划品尝武夷山的三款茶。有意思的是，今天的三款武夷岩茶分别来自老中青三代茶人的作品。

1. 叶启桐 1998 年制肉桂　最近一段时间比较时兴喝老茶，先是普洱茶，后是白茶，最近又有武夷岩茶，这些都还有一定道理。明清之际的周亮工《闽小记·闽茶曲》之六：“雨前虽好但嫌新，火气难除莫近唇。藏得深红三倍价，家家卖弄隔年陈。”原诗自注：“上游山中人，类不饮新茶。云火气足以引疾。新茶下贸，陈者急标以示，恐为新累也。价亦三倍。闽茶新下，不亚吴越，久贮则色深红，味亦全变，无足贵。”虽然诗中没有确指武夷岩茶，但从描述来看，可能是武夷岩茶，因为该地所产其他茶类当

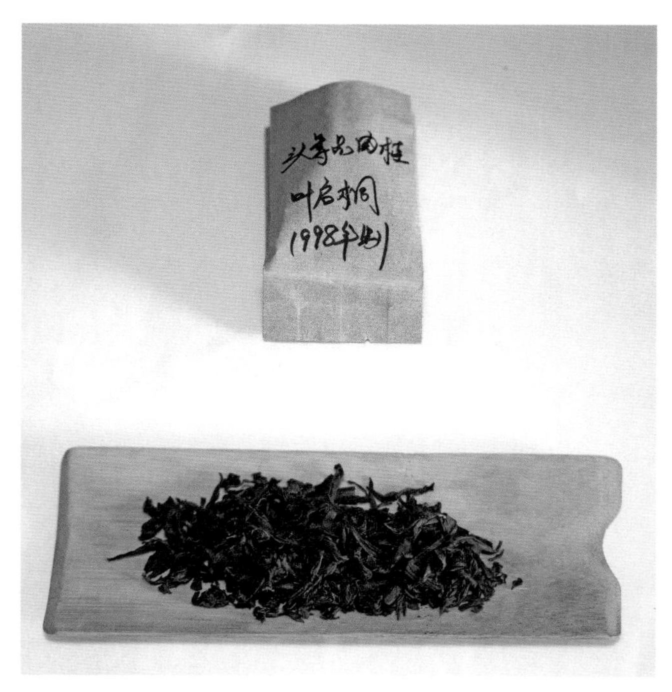

叶启桐1998年制肉桂干茶

叶启桐1998年制肉桂茶汤

叶启桐1998年制肉桂叶底

时是不饮陈的。现在我们喝武夷岩茶，也提倡放半年至一年为好，因为香气更好。

这款老茶干茶色泽乌褐，紧结；汤色橙红清澈；内质有木质香气；滋味醇厚；叶底匀整。

叶启桐（1945—），长期从事武夷岩茶的生产与研究。曾任武夷山市茶场（原崇安茶场，张天福为首任场长，吴觉农在抗日战争期间率茶叶研究所南迁武夷山时，曾在该址扩充改建）场长，2009年6月被授予“国家级非物质文化遗产武夷岩茶制作技艺代表性传承人”称号。是目前武夷岩茶制作技艺传承的代表性人物。

冲泡该茶时使用的是时为宜兴国家工艺美术师王红娟所制报春壶。该款原为紫砂七人之朱可心设计，现经时顺华馆长略做修改。此壶冲泡武夷岩茶效果最佳。

2018年穆祥桐与叶启桐（右1）在武夷山桃渊茗交谈

2018年叶启桐（前排右3）与穆祥桐率领的考察人员合影

2. 石鼎竹露 这款茶是郑明群的武夷山开元堂茶业有限公司生产的。郑明群亦曾在武夷山市茶场工作，并任过茶场总场的副场长，曾经先后得到著名茶学大家姚月明、叶兴渭、叶启桐的指点。郑明群是武夷山中年茶人的代表，作为土生土长的武夷山人，用他自己的话，他是从小在茶堆旁长起来的。退伍复原后也一直从事制茶方面的工作，对于武夷山的了解程度自然毋庸置疑。性格耿直的他对于好茶的追求也近乎苛刻，用茶如其人来形容一点也不为过，在他的茶中总能品出一股独有的劲道。

该茶使用武夷山岩茶核心产区“三坑两涧”中慧苑坑内的核心产区“竹窠”的原料精制而成。冲泡该茶使用的是王红娟制作的报春壶。

开元堂生产的茶品

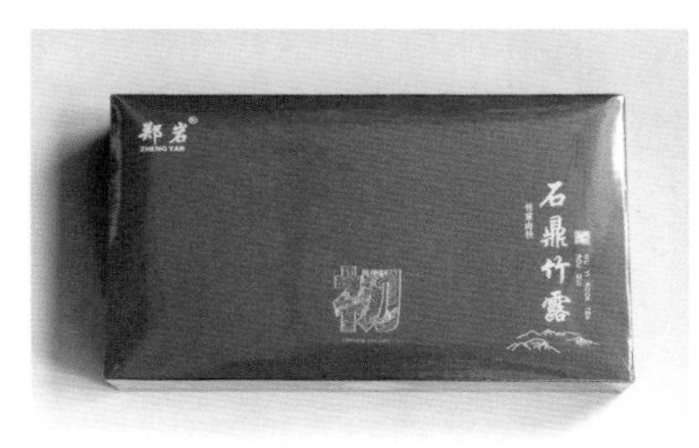

石鼎竹露包装

石鼎竹露干茶

该茶的品质特征：外形肥壮紧结、沉重，色泽乌褐油润，匀整洁净；内质浓郁持久，具乳香或桂皮香；汤色橙黄，清澈明亮；滋味醇厚鲜爽，岩韵明显，带有浓郁的山场气息；叶底肥厚软亮，匀齐红边显。

石鼎竹露茶汤

石鼎竹露叶底

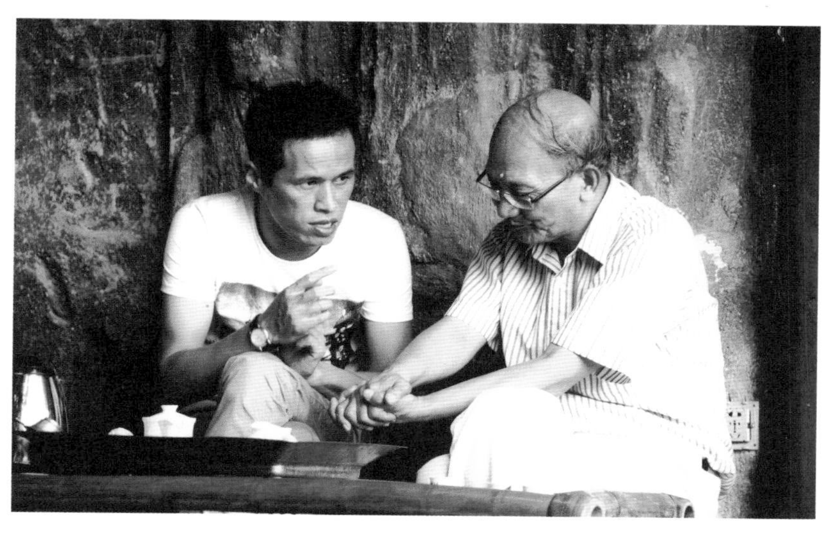

2013年穆祥桐在武夷山火焰山下观音泉边与郑明群谈茶

千溪品石茶业有限公司创始人穆春婷（左3）在武夷山茶室招待茶人

3. 拼配岩茶 003　这款拼配岩茶是穆春婷的武夷山千溪品石茶业有限公司生产的。春婷是我认识的非茶区人在茶区制茶的佼佼者。她于 21 世纪初到武夷山，经过认真的研究，虚心学习，终于能够生产出具有一定水平的武夷岩茶。她十分重视小品种，所生产的小品种茶都达到较高水平。这款 003 是使用有性的珍稀小品种鲜叶为原料，用中足火 3 道炭焙而成。

千溪品石生产的各种岩茶

千溪品石生产的金柳条

该茶除具有武夷岩茶的基本品质特征外，每泡茶汤均有明显变化，香气与汤感均不相同，尾水甘醇。刚开始是岩茶的刚劲，最后是兰香馥郁，兼有奶香。当天冲泡该茶使用的是王红娟用大红袍泥料制作的报春壶。

岩茶003干茶

岩茶003茶汤

岩茶003叶底

4. 白毫（荒野）银针　福鼎张纯伟、陈小春的广泰茶业有限公司生产。广泰茶业有限公司基地位于福鼎市白琳镇高山村。这里群山环绕，土壤肥沃，平均海拔600米，也是国家优良的毛竹基地。茶树沐浴着林间漫射光，昼夜温差大。土壤多为砾壤，有机质含量高。广泰茶人张纯伟是民国时期“广泰茶馆”技师的后代，白琳工夫非遗传承人。公司坚持传统白茶、红茶制作工艺，积极研发栀子花白茶、丹桂白琳工夫等新产品。公司先后荣获老茶王寿眉一等奖，牡丹一等奖，白琳工夫红茶金奖、银奖等多种奖项。荒野银针采制于2020年3月20日左右，用福鼎点头柏柳村海拔300米、抛荒10年、树龄50年、树高近2米的福鼎大毫茶的芽头为原料。

白茶是中国的特有茶类，主产于福建的福鼎、政和、建阳、松溪等地，江西和祖国的宝岛台湾也有少量生产。白茶雏形诞生于明代嘉万年间（1522—1620），在当时的田艺衡的《煮泉小品》、屠隆的《考槃馀事》和高濂的《遵生八笺》等书中都有描述。现代的白茶发源于福建建阳水吉镇，大约在清乾隆三十七年（1772）至四十七年（1782）间，使用的原料是菜茶幼嫩的芽叶制成，其产地是水吉漳墩南坑，故称“南坑白”或“小白”，又因其满披白毫，又称“白毫茶”。同治九年（1870）左右，开始以大叶茶芽制“银针”，并首创白牡丹。福鼎在嘉庆初年（1796）用菜茶的壮芽为原料，创制白毫银针，被称为“土针”。咸丰七年（1857）福鼎大白茶茶树品种从太姥山移植到福鼎的点头，于是开始用大白茶制作银针，其出口价高于土针十多倍。政和于光绪十五年（1889）开始生

荒野银针干茶

荒野银针茶汤

荒野银针叶底

2007年参加全国茶学科组活动时参观"绿雪芽"

产银针，民国十一年（1922）才制造白牡丹。白茶的传统产品包括白毫银针、白牡丹、贡眉、寿眉四种，1968年又创制出新工艺白茶。

白茶对人的生理作用及疾病的辅助治疗作用，最早便在产地得到了证实。当地人一直用它治疗痘疹。白茶性寒，有清热解毒的功效。对于上呼吸道的炎症，具有一定的疗效，如牙龈肿痛、咽喉发炎、咳嗽痰多等，每日将白茶和冰糖放在一起冲饮，有一定的治疗作用。我在非典疫情期间，发烧38℃，正好家中有福鼎裕荣香老总送来的白牡丹，接连冲饮了几天，发挥了一定的退烧作用。白茶还具有很强的利尿作用。

2016年10月在绿雪芽公司董事长林有稀（右1）陪同下考察他们的有机茶园

参观裕荣香有限公司

近20年来，国内外学者研究表明，白茶在保护心血管系统、抗辐射、抑菌抗病毒、抑制癌细胞活性等方面具有一定的作用。但不同的白茶品类对人体的作用不同，中国预防医学科学院营养与食品卫生研究所的韩驰研究员告诉我：她对福鼎市提供的三款白茶试验结果表明，对人体免疫力的提高，其作用由高到低依次为白牡丹—白毫银针—新工艺白茶。

需要指出的是，有的茶品虽然带“白”字，但不属于白茶类。如安吉白茶、天目白茶，它们属于绿茶。

银针是白茶中的极品，福鼎和政和都有生产。柏柳白茶是农业农村部确定的一村一品，其品质自当优异。

这款荒野银针加工工艺为复式萎凋，堆置走水养香，日晒复晒，柴火初烘定香，炭火复慢焙。该茶满披白毫，茶梗层次明显呈马蹄节；内质汤色杏黄明亮，毫香浓郁，花香悠扬；滋味香甜回甘。

现在不少茶品中有“荒野”“野放”之字，其意大体相同，即表示该茶树人工失管。这样的茶树，由于一定时期人工未加干预，用其原料制成的茶品内含物质相对丰富，耐冲泡，冲泡时每一泡次滋味变化不大。这一特征和干茶的“马蹄节”是检查是否为“荒野”“野放”的感官标准。

紫砂壶与名门双姝等

6月19日，胡三乐来家取白茶，来前询问本周茶会是否继续。经与摄影师范毓庆先生商议，举行一次三人的小茶会。

2018年在武夷山金针梅祖屋向范毓庆赠茶

许多茶人反映，他们回去与我泡相同的一款茶，滋味与在我家喝的不同。在这里向大家解释一下。泡茶之时，茶、水、器、艺都很重要。首先把我们用的泡茶用水和茶具简单介绍一下。泡茶用水是宜兴雷建新紫砂烧水壶烧开的自来水。泡绿茶、白茶、黄茶使用的是我弟子张明星汝风堂制的粉青汝瓷盖碗。泡乌龙茶、红茶和黑茶使用的是宜兴紫砂博物馆首任馆长时顺华先生请的国家级工艺美术师制作的紫砂壶。煮茶时用的是雷建新制的紫砂煮茶壶。茶盏用的也是汝风堂粉青葵口盏，因为经过长期对比，此盏为现代品茶效果最佳的茶盏。壶承和叶底盘，也是汝风堂的产品。拍摄时用的茶盏是德化瓷，因其不损茶色。

穆祥桐（右1）与毛国强（左1）顾绍培（左2）在宜兴参加雷建新（右2）砂水壶鉴定会

雷建新砂水壶是江苏省宜兴市顺昌陶瓷厂有限公司董事长雷建新研发的，使用宜兴黄龙山紫砂原矿珍稀泥料制成。该产品采用紫砂传统造型，共有十几个款式，每一款式分别有烧水、煮茶两个品种。

雷建新砂水壶共获得三项专利：发明专利，专利号201410635829.9；实用新型专利，专利号201420675620.0；外观设计专利，专利号201430438348.X。

该产品于2014年7月17日经江苏省陶瓷耐火材料产品质量监督检验中心检验不含重金属元素；2014年12月8日经权威部门检测水分子团半幅宽为46赫兹（24小时不变化），属微小分子团水。2015年1月8日经国家食品质量监督检验中心检测，用雷建新砂水壶煮的北京自来水，符合国家矿泉水水质标准。

2015年2月3日，在雷建新砂水壶紫砂研究院召开了雷建新砂水壶专家研讨会，我与土壤专家、矿产专家及宜兴国家级紫砂大师李昌鸿、顾绍培及毛国强参加。与会专家针对雷建新砂水壶的壶体原料、制作工艺、壶体造型、烧煮水质及弱碱性微小分子团健康水进行了论证。宜兴电视台紫砂频道进行了全程录制。

在论证现场，我用雷建新砂水壶烧煮的水冲泡我参与研制的金针梅红茶，共冲泡了36泡，在32泡时，仍汤色金黄，滋味明显。证明用雷建新砂水壶烧煮的自来水可以提高茶叶的浸出率达一倍以上。鉴定会后，我对雷建新说：你帮我解决了家庭矛盾。原来我们家的阳台上堆满了矿泉水桶（因为家里经常有人来品茶），我夫人对此很为不满。现在使用你制的砂水壶煮水，可以不用买矿泉水了。用该水不但可以提高茶叶内含物质的浸出率，而且可以提高茶汤的品质。有一次雷总为我煮了一泡普洱茶，问我怎样，我说还可以。他笑着拿出普洱干茶给我看，原来是等级最差的。我笑着对他说：有你的帮助，伪劣产品可以大行其道了。弟子穆春婷卖茶时，给人用雷建新砂水壶煮的水冲泡。结果客户回家后说她卖的和当时在店里喝的不是一款茶。她想了半天，才明白问题所在。

提起武夷山的茶，必须要介绍两个人。一位是骆少君（1942—2016），中国著名的茶品品质化学研究专家，曾任中华全国供销合作

骆少君（左1）、叶兴渭（左3）、穆祥桐（左4）在评茶

叶兴渭、穆祥桐、徐庆生、祖耕荣（由左至右）在评茶

总社杭州茶叶研究院院长，国家茶叶质量监督检验中心主任，《中国茶叶加工》杂志社主编，国家科技奖轻工业评审委员会委员。另一位是祖耕荣（1964—），国家茶叶标准技术委员会委员，高级评茶师，武夷山金针梅茶叶董事长。曾在武夷山市茶场（即前述崇安茶场）工作，并于2002—2007年任第二十任场长。2001年，祖耕荣和时任桐木村村支书的江素忠（正山茶业董事长江元勋的叔父）拿着叶兴渭写给骆少君主任的信去杭州见骆少君。从此，骆少君及一些茶学专家开始关注武夷山。骆少君每年都要几上武夷山，与茶人同吃同住，共商茶业发展。她认为："武夷茶不能以量取胜，而应在创新

骆主任：

你好！您此次参加芜湖国际茶博会，要通过您向世人推介正山小种红茶的悠久历史及优良品质，让世人认识小种、品尝享受她的优良品质，将会起很大作用。

桐木及其邻近县市小种茶区，地处武夷山国家级自然保护区内，山高水长，森林茂密，土壤腐殖质丰富，茶树病虫害的天敌众多，不施农药、化肥，茶树生长旺盛，叶张肥厚，鲜叶有一股松香味（长在松树下、竹林边的更浓厚些）。通过特有加工工艺造就正山小种条索粗壮结实，乌黑油润，香高味醇回甘持久，汤色清澈明亮，金圈宽厚，叶底肥软有皱折，呈古铜色，香味中有桂元干香或蜜枣香，不失为极品。

正山小种红茶深受欧洲一些皇家及贵族们垂爱，造就了英国红茶文化。而国内少有人赏识，由于山高险峻，路途难行，也少有人进山研究、开发。我摸爬了40余年，一事无成，惭愧。

今我在元正茶厂精制二号传统及改进型的红茶，请下放干部祝耕荣及村支书江素忠送去，希望向评委们介绍一下正山小种的优良品质，听取意见以便改进。若方便请他们来山村考察，品尝正山的品质，肯定将给他们下一辈子的美好回忆，久久不能忘却的回味。有您们加入研究与宣传，小种红茶前途会更加光明。致礼

叶兴渭 敬上

2001.4.15

叶兴渭写给骆少君的信

的过程中提高品质，以价取胜。”“要通过武夷山水的旅游平台，让全国的老字号茶商和主要销区的大茶商实地考察武夷山，从而了解、认识武夷茶。”在她的努力下，武夷山的茶开始被人们逐渐了解。在骆少君生前主编的《中国名茶丛书》一共出版了六种，介绍武夷山的茶就占了一半：《世界红茶的始祖——武夷正山小种红茶》(邹新球，2006)、《名山灵芽——武夷岩茶》（叶启桐，2008)、《名门双姝——金针梅、金骏眉》(徐庆生，2012)。祖耕荣成功策划组织了第一、二、三届“正岩杯”茶叶质量评比大赛，引起了轰动。他不但对武夷山正山茶业的发展和桐木正山小种红茶的振兴做出了特殊的贡献（这些在许多报刊中已有介绍)，而且还促使中国最早的两款高档红茶——金针梅、金骏眉在武夷山诞生。

1. 金针梅　在茶人中，骆少君院长和我是到武夷山次数较多的，也比较关注武夷山茶叶生产。茶叶是农产品，因此，决定其品质的重要条件依次为品种、生态条件和加工技术。武夷山茶树品种无疑在所有茶区中是较为丰富的。据民国时期著名茶学家林馥泉于1943年调查，仅慧苑岩就有名丛花名830余种；刊载于《中国名茶志》(王镇恒，2000）中姚月明先生撰写的武夷岩茶部分还收录了279个花名。武夷山的生态环境也是绝佳，加之世界上第一个红茶就在这里诞生，因此，骆院长和我都认为武夷山可以制作出世界顶级的红茶。在骆少君、叶兴渭和我的努力支持下，祖耕荣终于创制出高档红茶——金针梅，并在人民大会堂评比中，荣获“申奥”茶。

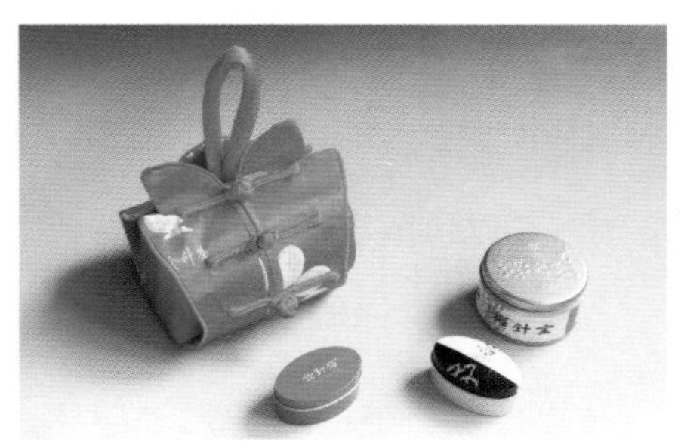

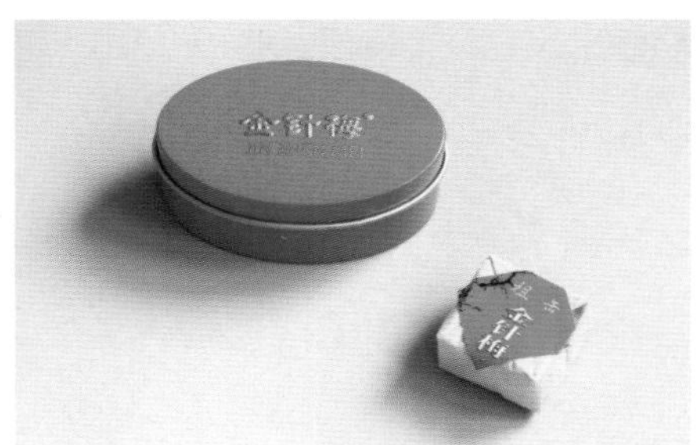

各种包装的金针梅

金针梅是用武夷山四大名丛中的三个品种：紫芽大红袍、白鸡冠、铁罗汉和另外三个优良品种：紫阳灵芽、松针雀舌和仙霞梅占的眉芽为原料，吸收了武夷岩茶的一些加工技术而生产的极品小种红茶。

2007 年 10 月 18 日，骆少君院长和我、叶兴渭、吕毅首次评审该茶。认为该茶外形条索紧结匀整，毫显、色泽金黄油润；内质香

金针梅干茶

金针梅茶汤

金针梅叶底

气清爽，鲜甜持久；汤色金黄鲜艳，金圈宽厚、明显；滋味浓厚醇和，回味隽永；叶底柔软鲜红。我们6月11日在家中冲泡金针梅使用的是李芳用大红袍泥制作的笑樱壶。

穆祥桐、叶兴渭、祖帅、祖耕荣（由左至右）审评金针梅

在武夷山正山茶业有限公司与江元勋（右1）、杨多杰（左1）审评该公司红茶

金针梅是名茶中定位较高的，所以它的包装款式也多，有立领锦袋装、方形锦盒装、祖缶瓦罐装、梅花礼盒装、手提锦袋装、金属单罐装等。

接着品鉴的两款红茶，都与武夷山国家自然保护区正山茶业有限公司董事长江元勋有密切关系。

2. 金骏眉　出生于1964年的江元勋，是世界上第一款红茶——正山小种制作的第二十四代传人，他9岁开始上山采茶，13岁开始学习精制红茶，1997年创办“武夷山自然保护区元勋茶厂”。2001年，

正山堂生产的红茶

“元正”正山小种红茶通过德国、日本、美国的有机茶认证。2002 年，茶厂更名为“福建武夷山国家级自然保护区正山茶业有限公司”。该公司生产的正山小种红茶多次在国内外获奖。2002 年 1 月 7 日，江元勋主持召开有叶兴渭、祖耕荣、江素生、江素忠、龚雅玲等人参加的“关于如何生产制作最好红茶”的讨论会，成立“顶级红茶”研

正山堂生产的金骏眉包装及干茶

发组，由江元勋任组长，祖耕荣负责制定方案，叶兴渭负责技术指导。在茶界专家张天福、骆少君的支持下，成立了江元勋、祖耕荣、吕毅、江素忠、龚雅玲五人组成的研发小组。2005年7月15日，江元勋在北京好友张孟江的启发下，以每500克茶芽40元的价格，购进茶叶芽头750克。当日，江元勋与温永胜、梁俊德等人按照红茶制作工艺进行萎凋、搓揉、发酵、炭焙，得干茶150克。中国的高档红茶——金骏眉研发成功。金骏眉的诞生，推动了中国红茶的生产，使得中国茶业经济有了很大发展。就以武夷山的茶青来讲，据经大师介绍，最高的制作金骏眉的茶青高达每500克1 400元。2008年7月16日，骆少君、叶兴渭、赵玉香、吕毅、祖耕荣、修明六位专家，对金骏眉进行了品质鉴定。

该茶品质特征：外形绒毛密布，条索紧细，隽茂、重实，色泽金黄、黑相间，色润；内质具有复合型花果香、桂圆干香，高山韵

正山堂生产的金骏眉茶汤

正山堂生产的金骏眉叶底

香明显，且有红薯香；汤色金黄，浓郁，清澈有金圈；滋味醇厚，甘甜爽滑，高山韵味持久，桂圆味浓厚；叶底呈金针状，匀整，隽拔，叶色呈古铜色。

金骏眉诞生后，很快从福建红遍了大江南北，一时仿品不断。我自己就喝到了四川宜宾、江西上犹等地生产的“金骏眉”。因此，围绕着“金骏眉”的专利纠纷和诉讼出现。2016 年，我参加武夷山金针梅节时，星村镇老镇长对我讲：“金骏眉应该属于武夷山的。”我想这是有道理的。

3. 普安红　正山茶业于 2010 年开始搞“出闽联姻”的技术扶持工作，首先是河南信阳红的诞生，至今已在诸多茶区生产出许多茶品。普安红茶产于贵州普安县。1980 年 7 月，在贵州普安、晴隆两县交界处发现茶籽化石一块，经中国科学院南京地质古生物研究所和中国科学院贵阳地球物理化学研究所专家现场勘探调查鉴定，初

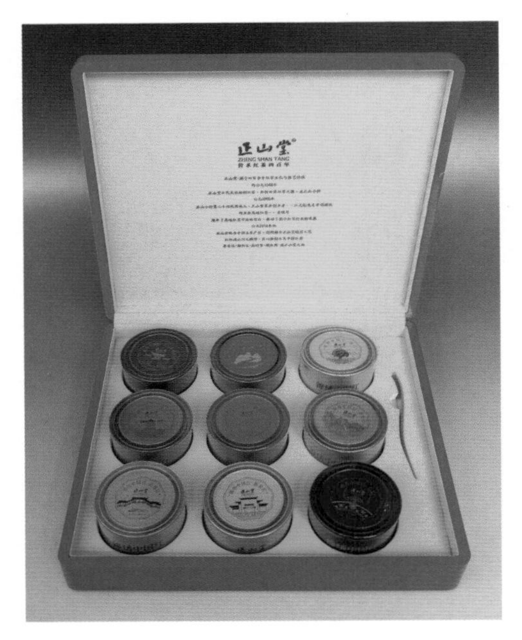

正山堂“联姻”生产的红茶

步认为是第三纪四球茶茶籽化石。2008 年，普安县对古茶树进行第一次资源调查，发现了迄今为止唯一的最古老最大的野生四球古茶树群，共有 2 万多株古茶树。

正山堂应当地政府的邀请，对贵州普安县进行茶叶科技扶贫。在与普安茶业工作者合作中，生产出了普安古树红茶和普安红茶。在 2016 年北京马连道国际茶文化展普安红专场推介会上，受正山堂公司的邀请，我和时任中国茶叶标准委员会秘书长翁昆研究员，分别对普安古树红茶和普安红茶进行了品质鉴定。

普安红包装及干茶

普安红茶品质特征：外形条索紧结秀丽，色泽金黄油润；汤色金黄明亮；香气馥郁；滋味醇厚、独特，甘甜，具明显的水蜜桃香，杯底香明显；耐冲泡，十余泡韵仍显。

品尝这两款红茶使用的都是李芳用大红袍泥制作的笑樱壶。

普安红茶汤

普安红叶底

2016年在马连道审评普安红

恩施荒野茶与白琳工夫红茶

6月26日，端午小长假的第二天，王丽丽、胡三乐、车一奇参加了这次品鉴活动。

今天决定品三款茶，他们都具有共同的特点：制茶人都是出生在老茶区，具有较高文化水平的中青年，在茶叶生产上都有很大的抱负。

前两款是“恩施州红罗沟农业科技有限公司”与“广州市三粒豆农业科技有限公司”合作生产经销的红罗沟富硒茶——荒野红茶与荒野绿茶，产自“世界硒都”恩施东南的鹤峰县。该县平均海拔1 147米，森林覆盖率达80%以上。该县土壤有机质丰富，pH4.5～6.5，适宜茶树生长。特别是土壤富含硒元素，据浙江农业大学硒素研究室分析，鹤峰县茶叶平均含硒量为0.23毫克／千克，高硒区为1.16毫克／千克。

该县产茶历史悠久，旧志载曾为贡茶。据清代《鹤峰州志续》载："邑自丙子年（光绪二年，1876）广商林紫宸来州采办红茶，泰和合、谦慎安两号设庄本城五里坪，办运红茶，载至汉口，兑易洋人，称为高品。州中瘠土，赖此为生计焉。"反映鹤峰县红茶由于品质优异，使其成为支柱产业，成为当地重要的出口物资。几年前，该地茶叶生产者通过华南农业大学的吴建新教授联系到我，送来近10款红、绿茶样，我品尝后感觉品质一般。过了十几天，与弟子再

品　茶

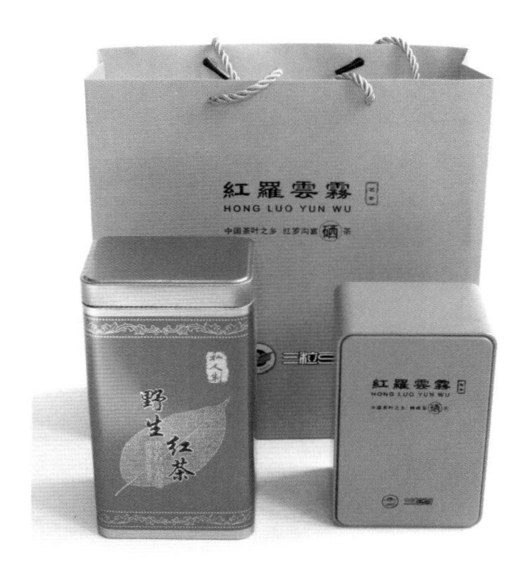

红罗沟富硒茶

次品尝，感觉品质绝佳。特别是古树绿茶，干茶具浓郁的甜香，是我从未遇到的。

1. 荒野红茶　产自鹤峰县走马镇。原料为海拔800多米野生群体种鲜叶加工而成。

荒野红茶干茶

荒野红茶茶汤

荒野红茶叶底

该茶品质特征：外形条索紧结纤细，色泽乌褐油润，可见金毫，匀整有花香；汤色橙黄，清澈明亮；滋味醇永，鲜爽，甘甜，具明显的玫瑰花香，且持久；耐冲泡，叶底嫩匀，呈古铜色，有活力。

品尝该茶时使用的是李芳用大红袍泥制作的笑樱壶。

2. 荒野绿茶　产自鹤峰县走马镇。原料为海拔800多米野生群体种鲜叶加工而成。

荒野绿茶干茶

荒野绿茶茶汤

荒野绿茶叶底

该茶品质特征：外形条索紧结纤细，弯曲，匀整，色泽翠绿油润，甜香浓郁；汤色杏黄，清澈明亮；滋味鲜爽，回甘，有馥郁的花香；耐冲泡，叶底嫩匀，翠绿，有活力。

第三款茶是福鼎的白淋工夫。

福鼎是茶区中我去的次数较多的一个，但认识张广泰的陈小春却很晚；早就知道福鼎的白琳工夫，可是真正喝到却是很晚的事了，而且喝的就是陈小春家的。

白琳工夫是历史名茶，创制于19世纪50年代，曾是福建出口红茶中的重要茶品。在20世纪初叶，福鼎“合茂智”充分发挥福鼎大白茶的特点，精选幼嫩芽叶，制成工夫红茶，外形紧结纤秀，满披橙黄毫，汤色、叶底红亮艳丽，取名橘红，代表了白琳工夫高级茶的风格，在国际市场上享有盛誉。

白琳工夫红茶的原料与福鼎绿茶、福鼎白茶的原料同为福鼎大白茶或福鼎大毫茶，但制成成茶后价格相差悬殊，特别是在福鼎白茶不断涨价的今天，白琳工夫在福鼎处于“濒危”状态。21 世纪初，我曾托福建的老茶人林应忠替我找白琳工夫。找到后不但品质一般，而且价格高昂。

陈小春的张广泰茶叶有限公司认真学习继承白琳工夫红茶的传统技艺。该公司制作的白琳工夫共有三个品级：广泰红、金闽红和金橘红。广泰红和金橘红分别荣获 2018 年首届中国非物质文化遗产茶王赛“红茶类”的金奖和银奖；广泰红和金闽红分别荣获 2019

在厦门茶展时
与陈小春合影

张广泰红茶

年 21 世纪海上丝绸之路博览会茶产业茶王赛“红茶类”的优质奖和金奖。他们也被批准为第五批福鼎市非物质文化遗产白琳工夫红茶制作技艺传承人。他们制作的白琳工夫，受到了茶友的广泛赞誉。

3. 白琳工夫 · 广泰红　该茶使用农业农村部“一村一品”的福鼎点头镇柏柳村海拔 300 ～ 500 米的福鼎大毫茶的芽头制成。

白琳工夫 · 广泰红干茶

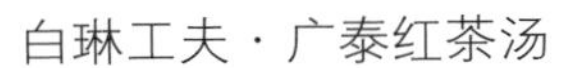

白琳工夫·广泰红茶汤

白琳工夫·广泰红叶底

该茶品的特征：外形紧结纤秀，满披大量橙黄毫，色泽黄黑有光泽，毫香突出；滋味清鲜甜和，带薄荷香；汤色浅红明亮；耐冲泡，叶底嫩匀，呈古铜色，有活力。

品尝这款茶时使用的是李芳用大红袍泥制作的笑樱壶。

玖

·

凤凰单丛与六堡茶

7月3日，尽管今天有阵雨，但前来品茶的人依然不少，胡三乐、车一奇、汪刘峰和孔晶依次到来。今天品五款茶，主要是凤凰单丛和六堡茶，还比较了两款不同产区的白毫银针。

品茶开始前，给大家介绍一下今天使用的紫砂壶。冲泡凤凰单丛这种高香型的乌龙茶，以朱泥小寿星壶为好。今天要比较两个同品种但生长海拔不同的茶，所以我便把收藏时代最远、名头最大的汪宝根制作的银提梁小寿星壶与其仿制壶拿出来泡茶。汪宝根，民国时期蜀山西街人，老一辈制壶高手，人称“壶界怪才”，他常说：“好壶不是做出来的，是玩出来的。”每做好一莳（紫砂界术语，量词，约六七把）壶，卖出去有了生活费后他便到处游玩，等没钱了就

带队去凤凰考察

再做壶。由于壶做得好，所以也不愁卖不出去。他制作光货、花货的紫砂壶技艺都很好，特别擅长制作寿星壶、高竹鼓壶。他没有传人。由于汪宝根壶做得少，做得好，所以他的作品有较高的收藏价值。此壶为中国紫砂博物馆首任馆长时顺华先生所赠。我和弟子十分喜爱，于是便烦劳时馆长请时为国家级工艺美术师的李芳进行仿制。为便于使用，将原来的银提梁改为白铜制造。因此，我和弟子、朋友，每人得到了一把仿制的朱泥铜提梁小寿星壶。

今天一同品饮凤凰单丛和六堡茶，原因是他们还有一个共同的名称——侨销茶。

乌龙茶分为闽北乌龙、闽南乌龙、广东乌龙和台湾乌龙四种。凤凰单丛是广东乌龙茶的重要组成部分，因为它选用树型高大的凤凰水仙群体品种中的优异单株，单独采制而得名。该茶曾在1915年巴拿马万国商品博览会上获得银奖。

该茶在茶叶流通体制改革前，一直不被人们所了解。21世纪初的时候，北方许多茶商都不知道凤凰单丛是什么茶。芳村茶叶协会副会长来北京计划开店卖凤凰单丛时，是我和好友王贵峰接待的，带他看了看马连道后把他劝了回去。凤凰单丛一直被海外富有的华

与弟子孙建在"张氏通天香"旁合影

与杨多杰（左2）一起听黄瑞光（左1）讲凤凰单丛制作

侨所钟爱。他们会在茶季前，预付定金，收购自己喜欢的品种饮用。改革开放以后，特别是产区大规模进行无性繁殖后，使得“旧时王谢堂前燕，飞入寻常百姓家”。现为广州盈誉茶叶有限公司经理的桂埔芳女士，15 岁进入茶界，几十年来一直在广东从事茶叶生产与销售。她对凤凰单丛有着深入的研究，所生产的“盈誉天牌”凤凰单丛曾获广州国际茶叶博览会名优茶评比“金奖”。她主笔编写的《凤凰单丛》一书，被收入骆少君院长主编的中国名茶丛书中。她生产销售的凤凰单丛我们认为是性价比较高的。今天品饮的两款就是她 2020 年的产品。

凤凰单丛的产区海拔 350 ～ 1 498 米，乌岽山峰高 1 391 米。因此，凤凰单丛的成品茶一般冠名“凤凰 ×× 茶”“乌岽 ×× 茶”，表示其海拔高度的不同，自然其所呈现的山韵、香气、滋味会有明显的不同，其价格相差也较大。

鉴于弟子与茶友对了解凤凰单丛的渴望，2017 年 4 月上旬，在桂埔芳女士的大力支持下，我带近十名弟子及几个茶人去凤凰考察，参观了宋种、通天香、鸡笼刊等珍贵品种。桂埔芳还与当地茶农联系，购买了一批大乌叶茶青，在著名的凤凰单丛制茶专家黄瑞光的

与《凤凰单丛》的四位作者合影
桂埔芳、黄瑞光、穆祥桐、黄柏梓、吴伟新（由左至右）

指导下，参加了凤凰单丛的部分制作工作。最后将自己参与制作的凤凰单丛——大乌叶带回。大家初步了解了凤凰单丛的品种、制作，以及不同海拔茶品的区别。

凤凰单丛成茶一般按香型命名，如黄枝香（栀子花香）、芝兰香、蜜兰香、桂花香等。其中，蜜兰香成茶蜜味特别香浓，且带有兰花香，故名。它是十大香型中产销量最大、最稳定的一个品种。该品种自 1996 年秋开始，各村茶农大力开展嫁接繁殖，栽培面积大增。目前市场上蜜兰香单丛一般有三个档次，最好的是乌岽蜜兰香，中等的是凤凰高山蜜兰香，再次的就是低海拔的凤凰蜜兰香。今天品饮的即是盈誉茶叶有限公司生产的不同海拔的同一香型——蜜兰香。

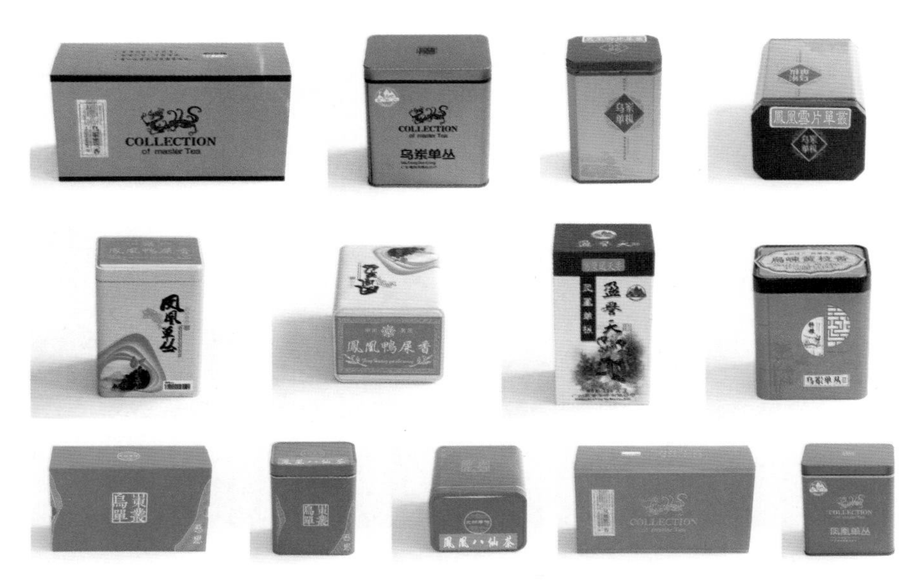

各款凤凰单丛茶

汪宝根银提梁小寿星壶（右）与李芳仿制品

1. 乌岽老丛蜜兰香　2020年4月采制于潮州市凤凰镇海拔1 150米的乌岽山，该茶品质特征：外形条索紧结，色泽黄褐油润，甜蜜香馥郁持久；汤色金黄，清澈明亮；滋味醇厚甘爽，蜜味甜润，喉韵含香；叶底绿腹红边，软亮，耐冲泡。

乌岽蜜兰香茶汤

乌岽蜜兰香干茶

乌岽蜜兰香叶底

2. 凤凰蜜兰香　2020年4月采制于潮州市凤凰镇凤溪水库周边海拔600～700米的凤凰山脉。该茶品质特征：外形条索紧直，色泽乌褐油润，甜蜜香浓郁；汤色橙黄明亮；滋味浓醇鲜爽，回甘力强；叶底绿腹红边，软亮，耐冲泡。

凤凰蜜兰香茶汤

凤凰蜜兰香干茶

凤凰蜜兰香叶底

3. 六堡茶　历史名茶，原产于广西苍梧县六堡乡的黑茶，故名，距今已有200多年的历史，清嘉庆年间曾作为贡品。除主产苍梧县外，岑溪、贺州、横县、昭平、玉林等20余地所产的黑毛茶，与六堡茶制法相似，统一集中在横县茶厂加工。六堡茶采用传统的竹篓包装，通风透气，有利于茶叶存储时内含物质的转化，使滋味变醇，汤色红浓，陈香显露。六堡茶一般分为陈年六堡和远年六堡两类：

六堡茶包装及干茶

六堡茶茶汤

15 年以内的为陈年六堡茶，15 年以上的为远年六堡茶。六堡茶是茶品中较早列入医书的。

陈年六堡茶具有红、浓、醇、陈的特点，具有消暑祛湿、明目清心、帮助消化、和胃去脂的功效。因此，港商常以“陈六堡”“不计年”作为商标销售。我自己在新冠肺炎疫情期间，内湿严重，于是用陈年六堡茶加陈皮冲泡饮用，症状得到明显的缓解。

六堡茶也属于侨销茶，1949 年以前，“除在穗、港销售一部分外，其余大部分销南洋怡保及吉隆坡一带。南洋一带的矿工，酷爱饮用六堡茶”。广西六堡茶历史销售曾达 1 500 吨左右，一度在香港市场上占主导地位。

今天品的这款“小黑盒”是中国茶叶股份有限公司于 21 世纪初授权生产的六堡茶。

这款六堡茶品质特征：外形条索紧结，色泽黑褐光润；内质香

大家一起品凤凰单丛

汪刘峰制白毫银针干茶（右）与福鼎荒野老树白毫银针干茶

气陈香高醇，带有特殊的槟榔香；汤色红浓明亮似琥珀；滋味醇和爽口；叶底红褐明亮。

六堡茶在国内多次获奖，主销广东、广西、香港、澳门地区，外销东南亚。

今天品尝这款老六堡茶，使用的是李芳用降坡泥制作的仿古如意壶。

4. 两款不同产区的白毫银针 弟子汪刘峰的家乡——安徽潜山种植茶树品种有福鼎大白茶，他便萌生了制作白茶的想法，为此，到他师姐陈小春处进行学习。2019 年，大家品尝了他所制的白毫银针，干茶灰白纤细，白毫满覆，带有毫香蜜韵的典型特征。今天应其要求，与盈誉茶叶有限公司 2019 年生产的头采荒野老树特级白

汪刘峰制白毫银针茶汤（左）与福鼎荒野老树白毫银针茶汤

毫银针进行比对。在干茶色泽、汤色、滋味和香气方面均有明显差别。汪刘峰在安徽制作的比福鼎生产的甘甜，但滋味和香气明显低于福鼎生产的。两款茶使用的原料都是福鼎大白茶的鲜叶，工艺相同，出现差异是生态环境不同而产生的，这是农产品差别的普遍原因。

汪刘峰制白毫银针叶底

福鼎老树白毫银针叶底

拾 · 巴蜀之茶

7月10日，本辑最后一次品茶活动如期举行。胡三乐、孔晶、惠文琦、车一奇、汪刘峰和本书的责任编辑姚佳都参加了。今天品尝的四款茶，都产自四川和重庆。

1. 隽永 是四川蒙山红茶叶有限公司的产品。该公司生产的红茶有一系列的产品，用来满足不同层次的消费者需求。当胡晓燕知道我们品鉴这款隽永时，并不赞成，她讲："隽永价格是红茶体系里最高的，而且也限量，从我的角度来说并不主推（我们体系里主推的是'山''朴''明'）。"但从我的角度来说，既然请大家喝茶，当然就要喝好的，所以仍然按原计划进行，只不过把胡晓燕的意见附记于此。

四川蒙山红茶叶有限公司生产的各种红茶

隽永的原料来自四川雅安的蒙山。蒙山一名金鸡山、百丈山，风景优美，产茶历史悠久。大家耳熟能详的“扬子江心水，蒙山顶上茶”就反映了这一点。在我们所见到的有关茶史文献中，以对蒙山茶的赞许为最。五代（907—960）时人毛文锡在其《茶谱》一书中讲：“若获一两（蒙山茶），以本处水煎服，即能祛宿疾；二两，当眼前无疾；三两，固以换骨；四两，即为地仙矣。”当然，这不过是神话而已，如果去掉神话的外衣，无非蒙山的良好生态，使其茶叶品质优异而已。

该公司使用的原料来自原国有苗溪茶场中平均海拔 1 300 米珍稀老川茶生长的原生态茶区，采用向阳坡 3 ～ 4 米高的老川茶群体种

一叶蒙山·隽永包装及干茶

头春单芽，以金骏眉创新工艺研制而成，每500克干茶，需6万～8万颗幼嫩单芽。

该茶品质特征：干茶外形紧细匀齐，色泽乌黑油润，金毫显；汤色金黄，清澈明亮；具花、果、蜜复合香型，协调，优雅，高山韵悠长，山场气足；滋味鲜活甘甜，口感圆柔顺滑，饱满而富于变化；叶底匀整，秀挺鲜活，呈古铜色，耐冲泡。

冲泡该茶使用的是李芳用大红袍泥制的笑樱壶。

一叶蒙山·隽永茶汤

一叶蒙山·隽永叶底

2.2001年压制的康砖 学术界把黑茶一般按地域划分为四川黑茶、湖南黑茶、湖北黑茶和滇桂黑茶，而从成茶形态上又可划分为散装黑茶、压制黑茶和篓装黑茶。四川黑茶是黑茶中历史较为悠久的，明代时便已出现。清代时，四川的黑茶按销地不同而分为“南路边茶”“西路边茶”。南路边茶在历史上共有两等六级：上等俗称细茶，有毛尖、芽子茶（又名芽细)、芽砖茶（后改称康砖茶）三个级别；下等俗称粗茶，有金尖茶、金玉茶和毛穰茶（又名金仓茶）三个级别。新中国成立后，上等茶中的毛尖、芽子茶便停止了生产，只保留了康砖茶和金尖茶两个品种。在20世纪后期，芽细茶恢复生产。

四川农业大学茶学教授齐桂年（中，生前曾为吉祥茶厂顾问）陪同我和好友屈耀浚参观吉祥茶厂

吉祥茶厂的产品

南路边茶，现在在雅安一律称为藏茶了。四川农业大学著名茶学教授齐桂年生前对此很不赞同。他知道我也持反对态度后，希望我撰文谈谈看法。其一，茶叶命名，一般是冠以产区地名，并无销区名称，如西湖龙井、黄山毛峰、蒙顶甘露、君山银针。如果以销区命名，使消费者无源可溯，更谈不上原产地保护了。其二，南路边茶是历史上少有的史籍记载较详细的茶类，如果更名，则割断了历史，不能不说是文化上的一大损失。其三，南路边茶包含着产地、原料和工艺等诸多丰富的内容，如果更名，其内含就容易淡化或消失。

2001 年吉祥茶厂康砖

康砖茶是历史名茶，是砖形黑茶，使用雅安、乐山所产的黑毛茶，集中在雅安进行压制。该茶主料为做庄茶，洒面茶为四至五级的绿茶（现在也有用发酵轻些的原料）。康砖茶重量和尺寸历史上有所不同。1966 年康砖恢复每砖重一斤（500 克），尺寸为 16 厘米 × 9 厘米 ×4.5 厘米。现在外观尺寸和重量根据市场需求有些变化，但多为 500 克一砖。今天品尝的是吉祥茶厂 2001 年压制的康砖，原重

2001 年康砖茶汤

500克，现重约450克。

四川吉祥茶业有限公司原为国有四川省雅安市茶厂，是国家边销茶定点生产企业，国家边销茶储备单位，国家扶贫龙头企业，全国“十大边销茶”畅销品牌企业，全国供销总社农业产业化重点龙头企业，四川省农业产业化重点龙头企业和全省“两个带动”先进企业，雅安市农业产业化重点龙头企业和茶叶发展示范企业。该茶厂的“吉祥牌”注册商标获得中国驰名商标。吉祥茶厂生产的南路边茶品种多样，而且适应市场的需求，品种结构多样化，目前除了生产黑茶外，还生产传统绿茶——蒙顶甘露、蒙顶石花，生产红茶——吉祥红。

这款老康砖的品质特征：外形圆角长方形，表面平整，松紧适

2001年康砖叶底

度，洒面明显，色泽棕褐，撬开后里茶油润；内质香气纯正，具松烟香；汤色橙红，清澈明亮；叶底乌褐，尚完整，耐冲泡。

这款茶由于一直在高原存放，气候干燥，如果在适宜的地方再存放一段时间，转化得会更好。

黑茶也是中国特有的茶类。学界一般按生产地域分为湖南黑茶、湖北黑茶、四川黑茶和滇桂黑茶。其中的滇桂黑茶就包括云南的普洱茶和广西的六堡茶。历史上的黑茶，大多是边销或外销。自唐代开始，中原王朝就熟知茶叶在边疆少数民族生活中的作用，开始出现了榷茶和茶马贸易。到了宋代，榷茶和茶马贸易成为定制，一直到清代。开始是蜀茶，后来发展到湖茶，形成了“以茶治边”的政策。内蒙古、新疆、西藏等少数民族地区，逐渐形成了自己所需的茶品及供应地区。

新中国成立后，中央政府十分重视边茶的供应。茶叶流通体制改革后，取消茶叶专卖，一度失去了对边销茶的管理。在听取了少数民族的意见后，国家又加强了对边销茶的管理，1994 年国家恢复边茶工作会议，不但定期召开边茶工作会，而且建立了边茶储备库，保证对边疆少数民族的茶叶供应。

黑茶中的茶复合多糖类化合物，被医学界认为可以调节体内糖代谢、降低血脂血压，具有抗血凝、血栓，提高免疫力的作用。黑茶中的茶黄素是一种有效的自由基清除剂和抗氧化剂，具有抗癌、抗突变、抑菌抗病毒，改善和治疗糖尿病等多种生理功能。

实验表明，黑茶具有降血脂、消滞、开胃、去腻、减肥的功效。

3. 猫山鹰舌芽　我在主持《中华大典 · 农业典》编纂工作时，经常去承担单位——位于重庆的西南大学。在成立重庆市江津区决策咨询委员会时，我被聘为决策咨询委员会专家。由此，便认识了重庆市农业产业化龙头企业——重庆市欧尔农业开发有限公司，茶业是其支柱产业之一。江津南部的猫山，经中国科学院地球化学研究所专家考察，土壤含硒量达 0.4 毫克 / 千克以上，茶树是吸纳硒元素最多的富硒天然植物。2012 年江津荣获“中国长寿之乡”称号，

猫山鹰舌芽包装及干茶

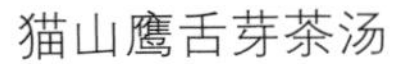

猫山鹰舌芽茶汤　　猫山鹰舌芽叶底

欧尔公司便于 2013 年承包了猫山 1 万余亩的茶山建厂，引进安装两条现代化、清洁化的绿茶、红茶生产线。公司先后开发出注册商标为“康崃硒”的“猫山鹰舌芽”“猫山瓮红”“猫山舌尖”“猫山独秀”等富硒生态绿茶和红茶。2016 年 3 月，公司注册的“康崃硒”商标被江津知名商标认定委员会认定为“江津区知名商标”；2019 年 8 月，公司荣获重庆市农业农村委颁发的《无公害农产品证书》。

这款猫山鹰舌芽是用四川老川茶明前嫩芽精制而成。品质特征：干茶外形条索紧细，微卷，匀整，色泽翠绿带黄，显毫；内质香气清鲜持久；汤色嫩黄明亮，汤感浓稠；滋味醇厚，豆香明显，回甘强；叶底黄绿明亮，嫩匀，活力强，耐冲泡。

2015 年 10 月，猫山鹰舌芽荣获第三届中国茶叶博览会绿茶类斗茶赛金奖；2017 年 10 月，猫山鹰舌芽被重庆名牌农产品评选认定委

猫山瓮红包装及干茶

员会评为“重庆名牌农产品”；2017 年 11 月，猫山鹰舌芽荣获“富硒产品认证书”。

4. 猫山瓮红　是用四川老川茶的细嫩芽叶经过特殊工艺精制而成的工夫红茶。

该茶品质特征：外形条索紧结纤细，金色、褐色相间，显毫；内质橘香、甜香馥郁；汤色鲜红明亮；滋味鲜醇爽口，甘甜；叶底呈古铜色，匀整，耐冲泡。

2017 年 10 月，猫山瓮红荣获第五届中国茶叶博览会斗茶赛金

猫山翁红茶汤

猫山瓮红叶底

奖，被重庆名牌农产品评选认定委员会评为“重庆名牌农产品”；2018 年 3 月，“猫山瓮红”荣获首届“十大渝茶品牌”荣誉称号。

茶品索引
（按笔画排列）

绿　茶

白　茶

乌龙茶

红　茶

黑　茶

后　记

我于20世纪80年代涉足茶界，至今已近40年。赋闲之后，只喜欢与人品茶、谈茶。各地不少茶人、弟子亦喜将其茶品送我，听听我的意见。此时我便邀三五好友、弟子在家中一起品尝，寒舍逐渐成为一个品茶、谈茶的地方。

短短的几次茶会很快过去了，每次同友人品茶对我来说都是一次额外的收获，能被文字记录下的内容仅是九牛一毛，还有许多切身的体会来不及在这里与大家分享。

本书的编写目的，在于尽可能客观的介绍一些我们品到的带有一定个性的茶。为照顾每节的平衡，除了品的茶品外，适当介绍一下相关的涉茶知识。如果读者从中偶有一得，便是我们最大欣慰。

在这里我首先要感谢各地的茶人和弟子，正是由于他们的馈赠，才使我们能够品尝到众多的茶品，并向大家介绍。

另外更希望通过本书的介绍，可以让大家对茶产生更加浓厚的兴趣，抛砖引玉，各自可以抒发更多的观点。如果读者有任何问题，或者有想要了解的茶类，可以发送电子邮件，出版社会将问题汇总起来转交与我，或许我们可以在后续的图书中进行解答。

需要说明的是，这里展示的不过是祖国茶品的万分之一，且并非全为佳品。本书的撰写由我负责，摄影师范毓庆先生拍摄了全部图片，最后的文字整理和录入由弟子孙建负责。

此次品茶编撰适逢新冠肺炎疫情期间，各位茶人在做好防护的情况下，踊跃参加。特别是摄影师范毓庆先生，虽比我年轻，但也年过六旬，酷暑天背着沉重的摄影器材往返，让大家很感动。在此一并致谢。

穆祥桐

2020 年末

望京茗室

武夷山

图书在版编目（CIP）数据

穆茗而来：与穆老师品茶 / 穆祥桐，范毓庆，孙建著. —北京：中国农业出版社，2022.4
ISBN 978-7-109-28735-8

Ⅰ. ①穆…　Ⅱ. ①穆…　②范…　③孙…　Ⅲ. ①品茶—基本知识—中国　Ⅳ. ①TS971.21

中国版本图书馆CIP数据核字（2021）第168439号

穆茗而来：与穆老师品茶
MUMING ERLAI：YU MULAOSHI PINCHA

中国农业出版社出版
地址：北京市朝阳区麦子店街18号楼
邮编：100125
责任编辑：姚　佳
版式设计：王　晨　　责任校对：沙凯霖
印刷：北京中科印刷有限公司
版次：2022年4月第1版
印次：2022年4月北京第1次印刷
发行：新华书店北京发行所
开本：700mm × 1000mm　1/16
印张：7.75
字数：100千字
定价：88.00元